Cerebro y música
© Víctor Maojo, 2018
© de esta edición, EMSE EDAPP, S. L., 2018
Realización editorial: Bonalletra Alcompas, S. L.
Diseño e ilustración de cubierta: Pau Taverna
Diseño y maquetación: Kira Riera
© Ilustraciones: Alila Medical Media/Shutterstock (págs. 34 y 43), Jordi Dacs (págs. 39, 41 y 51).
© Fotografías: Rossano/Bud Care (www.flickr.com/photos/39527581@N07/26213522900/)
[CC BY 2.0] (pág. 53), D. González (pág. 60), Víctor Maojo (pág. 93), Universal History Archive/
UIG/Getty Images (pág. 132), Bettmann/Getty Images (pág. 135).
Dominio público: Washington Irving [Transferido desde en.wikipedia a Commons. Trabajo propio]
(pág. 47), NIMH Image library (pág. 49), Max Halberstadt (pág. 63), United States Library of Con-
gress's Prints and Photographs división (pág. 68), Rozpravy Aventina, digitalizado por Institute of
Czech Literature, Czech Academy of Sciences (pág. 73), jazzsingers.com (pág. 84), imslp.org (pág.
106 y 107), Wide World Photos 1928-escaneado de la foto original por Manoah Leide-Tedesco
(pág. 118), Annie Dalbéra 1912 (Bibliothèque-Musée de l'Opéra) (pág. 122 izq.), Autor descono-
cido- w3.rz-berlin.mpg.de/cmp/strav10-1920 (122 dcha.), Johann Anton Völlner, Hamburg (pág.
129 izq.), autor desconocido (pág. 129 dcha.).
Wikimedia Commons: Thilo Parg (Trabajo propio) [CC BY-SA 3.0] (pág. 19), Hyacinth (Trabajo
propio) [CC BY-SA 3.0] (pág. 55), Par Jkwchui -basado en los dibujos de Truth-seeker2004 [CC
BY-SA 3.0] (pág. 71), Levi Seacer [CC BY-SA 4.0] (pág. 125 izq.), Zoran Veselinovic [CC BY-SA
2.0] (pág. 125 dcha.).

Depósito legal: 978-84-17177-74-4
ISBN: M-973-2018
Impreso en España

CEREBRO Y MÚSICA

Entre la neurociencia, la tecnología y el arte

VÍCTOR MAOJO

CONTENIDO

INTRODUCCIÓN

—¿Qué le recomendarías a Justin Bieber para mantenerse en el mundo musical?
—Aprender todos los aspectos de la música. Que coja un instrumento
y busque un buen maestro.

PRINCE

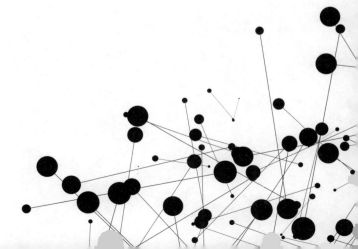

Hace casi un siglo, el gran pianista francés Alfred Cortot, presidente del jurado de un concurso de piano, tuvo que zanjar las discusiones entre aquellos que priorizaban otorgarle el premio a un concursante local y los que se oponían, con un dictamen solemne: «La música es un templo reservado solo a los elegidos». ¿Es esto cierto? Sí y no. Indudablemente, hay músicos que han nacido con un talento especial, que suelen desarrollar desde la infancia mediante un aprendizaje y trabajo intensos, pero, si fuese imprescindible esa condición innata tan exclusiva, muchos profesionales de la música deberían dedicarse a otra cosa y el 99% de los aficionados no podría entender una música de cierta complejidad. En el mundo real, incluso aquellos que han perdido la audición o son incapaces de reconocer una sola nota musical, pueden disfrutar intensamente con la música, aunque solo sea a través de las emociones compartidas con otros, como sucede en las celebraciones sociales.

Si pudiésemos cuantificar el tiempo de nuestras vidas que dedicamos a la música, nos asombraría el resultado. Sin embargo, a pesar de la cantidad de personas que pasan buena parte de su día a día creando, interpretando o escuchando música, sorprende el desconocimiento que muchas de ellas, incluso profesionales, tienen acerca de cómo nuestro cerebro rige los procesos y fenómenos musicales: la percepción del timbre, el tono, el color, la intensidad de los sonidos y melodías; las emociones que sentimos ante una determinada música o intérprete; los daños neuromusculares causados por una mala técnica o esfuerzos inadecuados, que acaban con las carreras de numerosos profesionales y estudiantes de música; el efecto del control de la respiración, no solo en cantantes sino también en instrumentistas; la creatividad en la composición musical, tantas veces perjudicada por el desconocimiento de la fisiología del cerebro (o por el maltrato de la misma, como en el caso de las drogas, por ejemplo); el daño infligido a nuestro aparato auditivo por las formas inadecuadas de escuchar música; los errores cometidos por maestros y alumnos al enseñar y aprender música, respectivamente, etcétera.

Como se apunta en el subtítulo del libro, en las últimas décadas se ha producido un incremento notable de estudios que aúnan ciencia, particularmente neurociencias, y música, promovido por los avances en estudios genéticos, antropológicos, físicos, psicológicos, sociales y médicos, entre otros. En el momento de escribir este libro, se pueden consultar más de cuatro mil artículos sobre el tema «cerebro y música» en PubMed, la fuente bibliográfica fundamental en las ciencias biomédicas.

Dadas las limitaciones de espacio de esta obra es imposible presentar en profundidad todos los aspectos musicales y cerebrales implicados en los temas que se desarrollan en los diversos capítulos, por lo que nos hemos centrado en la relación entre cerebro y música desde una perspectiva divulgadora, basada en una amplia bibliografía, de la que al final del volumen se recomienda una selección para el lector interesado. Asimismo, se presentan en el texto diversas aportaciones originales del autor, tras cuarenta y cinco años de estudio de la música y casi cuarenta de trabajo en el ámbito médico. Los primeros capítulos del libro introducen los conocimientos científicos básicos de la relación entre el cerebro y la música; en los siguientes se tratan cuestiones más específicas, ilustradas con numerosos ejemplos extraídos de la historia de la música. También, desde otra perspectiva, se presentan diferentes problemas neurológicos y psiquiátricos que pueden afectar la interpretación y percepción musicales.

Demos comienzo a la aventura y sigamos al personaje Tonio cuando exclama, al final del prólogo de la ópera *I Pagliacci*: «¡Vamos, comenzad!».

EL ORIGEN DE LA MÚSICA. «Y EL OCTAVO DÍA EL HOMBRE TOCÓ LA FLAUTA»

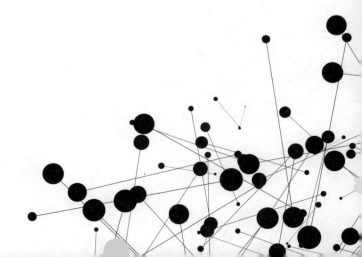

El término *música* proviene del griego y significa 'el arte de las musas', y, como el lector seguramente sabrá, las musas eran las divinidades, compañeras de Apolo (dios de la música) que encarnaban a las diferentes artes en la mitología helena. Desde un punto de vista histórico, Pitágoras, el gran matemático griego, fue el primero en estudiar los aspectos científicos relacionados con la música: determinó las características de las tonalidades y la división de una escala en notas (por ejemplo, la escala diatónica, basada en una nota principal, típica en la música occidental con sus notas do, re, mi, fa, sol, la, si, y sus notas intermedias, sostenidos o bemoles), con intervalos regulares. Desde el tiempo de los griegos se había establecido una cierta relación entre las matemáticas y la música, por la existencia de esas regularidades numéricas. También el matemático Gottfried Leibniz, uno de los padres del cálculo infinitesimal, aseguraba que la música encierra un ejercicio de matemáticas ocultas.

En los últimos siglos, se han producido numerosos intentos por definir la música. Decía el ilustrado Rousseau que «la música es la ciencia de los sonidos en tanto son capaces de afectar de manera agradable al oído, o el arte de conducir los sonidos de tal forma que de su consonancia, sucesión y duraciones relativas se derivan sensaciones placenteras». Para el compositor francés Pierre Boulez, la música es «el arte de seleccionar sonidos y ponerlos en relación unos con otros». En la última edición del *Oxford*

Companion to Music se define la música como «un arte que relaciona la combinación de sonidos, una visión de belleza de formas y la expresión de emociones». En ese aspecto emocional, el compositor sir Michael Tippett proponía que la música es una imagen de nuestro interior, de la misma forma que el musicólogo alemán Heinrich Schenker sugería que la música es un reflejo de nuestra alma. También la música se podría definir, más asépticamente, como el sonido organizado en el tiempo, con una intención estética.

Otros compositores, entre ellos Ígor Stravinski, proponen una visión religiosa, pues afirman que el fin último de la música es propiciar una unión de los seres humanos y de estos con Dios. De esta forma, muchos músicos —Haydn, entre otros— han considerado que su talento musical era un regalo divino. En este mismo sentido, Giacomo Lauri-Volpi, tenor de ópera dotado de una voz única y electrizante, incluso dedicó varios libros de agradecimiento a Dios por este don. No faltan los que afirman que la música es un ente indefinido, que «está ahí» (en «el éter», en otra dimensión espiritual), y que los compositores solo son transmisores de algo que ya existiría antes que ellos. Veremos más adelante cómo podemos explicar en la actualidad y científicamente esta percepción casi mística.

Finalmente, diversos investigadores han propuesto, en tiempos recientes, que la música, su estructura y nuestra capacidad de percibirla tienen una base y función fundamentalmente biológicas, más allá de estructuras matemáticas y características físicas, por lo que habría tenido un papel fundamental en la evolución de la humanidad, como se explica a continuación.

Una explicación evolutiva

Se ha discutido repetidas veces el papel que ha podido desempeñar la música en la evolución humana —y animal—. En el siglo XIX, Charles Darwin sugirió, en sus obras, la posible implicación de ciertos aspectos musicales en la evolución de las especies, al considerar su función en el proceso de cortejo de los animales para reproducirse. Por el contrario, para el conocido psicólogo Steven Pinker, la música, considerada en el contexto de causa y efecto biológicos, no tiene uso práctico, pues se trataría de una tecnología y no una adaptación biológica, por lo que no habría tenido ningún impacto en la evolución.

Sea como fuere, lo cierto es que la música ha acompañado a los homínidos desde sus orígenes más remotos. En este sentido, a pesar de no disponer de evidencias de las causas por las que se extinguió el hombre de Neandertal, sí podemos conjeturar que el hombre de Cromañón, antecesor del *Homo sapiens*, pudo descubrir y utilizar el poder social del arte con el fin de aumentar la coherencia y unidad de sus grupos de individuos. Aunque no existen pruebas concluyentes, varios científicos sugieren que el posible mayor desarrollo del hemisferio derecho cerebral en el hombre de Cromañón pudo favorecer una mayor creatividad e imaginación en él, comparándolo con el hombre de Neandertal, su antecesor, lo que habría propiciado su supervivencia. Recientes investigaciones sugieren que el desarrollo en estos homínidos de áreas cerebrales relacionadas con la música y la creatividad también pudo ayudar en la mejor construcción de herramientas y utensilios, que fueron decisivos en la evolución del *Homo sapiens*, aunque tampoco hay evidencias definitivas sobre esta hipótesis.

En esta línea, el filósofo estadounidense Denis Dutton (1944-2010) ha propuesto que las artes han sido parte importante en la evolución humana porque son esenciales en el desarrollo de nuestra imaginación y nuestro bienestar, y por lo tanto en la supervivencia. Es muy posible que la cuestión musical haya podido estar relacionada con la evolución biológica, como postulaba Darwin, pero lo que sí es cierto es que ha propiciado el desarrollo de una humanidad más creativa y comprensiva. En ese papel emocional participan partes de nuestro cerebro, como el sistema límbico y las áreas frontales, que pueden desencadenar una respuesta hormonal positiva, como una recompensa. En definitiva, la música tiene un papel relevante en la búsqueda de la felicidad, las relaciones sociales y en la mejora de ciertas capacidades cognitivas, que podrían justificar también su valor evolutivo. En cierta forma, nuestro cerebro se ha desarrollado para poder manejar el lenguaje y la música, con dos sistemas complementarios, aunque diferenciados, como se verá en breve.

Aunque es seguro que la música existía ya con anterioridad, interpretada vocalmente o con instrumentos de percusión (algún precursor de los tambores, por ejemplo), el instrumento más antiguo que conocemos hoy, de hace cerca de 40 000 años, es una flauta, descubierta en Alemania, elaborada con hueso de pájaro, al que se le practicaron unas perforaciones. A partir de ese momento aparecen más instrumentos musicales, que eran usados en rituales y celebraciones.

Existe un intenso debate acerca de la creación musical y su papel en la vida de nuestros antepasados. El antropólogo Steven Mithen, en su libro *The Singing Neanderthals*, recoge un gran número de hipótesis sobre el papel de la música en la evolución. Hay múltiples evidencias, en pinturas y restos arqueológicos, de esa relevancia, y en muchas tribus actuales de costumbres primitivas, de todo el planeta, la música es más que un acto personal placentero: tiene una función social determinante en el grupo. De la misma forma, en nuestra sociedad occidental moderna la música desempeña un rol central en muchas actividades sociales, como, por ejemplo, en un funeral, una boda, en la discoteca del barrio o en una fiesta local o incluso para influir en las conductas de los individuos, como ocurre en *marketing* o política.

Esa función social, particularmente en la vida religiosa, se puede observar en nuestro mundo actual en infinidad de lugares. Cualquiera que haya viajado a un país musulmán se habrá despertado en la madrugada por la oración, entonada musicalmente, del imam de una mezquita. Los órganos y la acústica de las catedrales góticas, que confieren el carácter tan extraordinario a las celebraciones musicales en estos recintos, se diseñaron específicamente para lograr determinados efectos en los feligreses. La música religiosa de compositores como Tomás Luis de Victo-

Figura 1: Fragmento de la primera flauta conocida, hallada en Geißenklösterle, Alemania.

ria, Bach o Mozart —muchos de los grandes compositores de la historia pudieron trabajar gracias al apoyo de obispos, cardenales o el mismo papa— adquiere un significado muy especial en estos espacios. La percepción musical que se produce en ellos, unida a la propia liturgia, puede provocar en los asistentes sensaciones espirituales impactantes. Recuerdo una misa en la catedral parisina de Notre-Dame, en la que, aunque los cantantes no eran seguramente profesionales, había un encanto religioso singular, compartido por los asistentes. O podemos mencionar el famoso

Cantan los pajaritos

La capacidad de generar sonidos no es exclusiva de la especie humana. Así, ballenas, delfines o algunas variedades de pájaros poseen esa característica, y pueden crear patrones de sonidos muy típicos, que, a pesar de no tener un significado elaborado, sí pueden considerarse como mensajes, aunque con significados genéricos.

Infinidad de compositores de música clásica —desde Händel o Beethoven hasta otros actuales— han imitado en sus composiciones el canto de los pájaros, que es, sin duda, el sonido más claramente musical que encontramos en el reino animal, hasta el punto de que en muchos lugares se crían ejemplares por la belleza de su canto. Los pájaros emplean al mismo tiempo ruidos y sonidos que coinciden con algunas notas musicales, aunque muchos investigadores creen que no constituyen melodías por sí mismas ni tienen un significado propio. De esta opinión era el compositor ruso Ígor Stravinski, para quien los sonidos producidos por otras especies animales distintas a la nuestra no serían realmente música, puesto que sus cerebros no están preparados para ella. La música requiere, según esta visión, un diseño, estructura y organización cerebral y mental que solo posee el ser humano.

Por el contrario, el ornitólogo y filósofo Hartshorne defendía que en el canto de los pájaros encontramos características como crescendos, diminuendos o modificaciones en el timbre y tonalidad que se asocian a la música humana. Hartshorne propone que estos cantos transmitirían, de hecho, una información que va más allá de una simple llamada o ritual. En este sentido, la música tendría una característica social, con metas definidas (atraer parejas, ahuyentar a posibles rivales, marcar el territorio, etcétera).

coro gregoriano de Santo Domingo de Silos, no hace tanto tiempo protagonista de un disco superventas en todo el mundo.

Platón hablaba, en *La república*, de la formación musical como base de la educación ciudadana. Para Platón, con la música el alma se eleva a otro nivel: «¿No es por esta misma razón, mi querido Glaucon, que la música es la parte principal de la educación, porque, insinuándose desde muy temprano en el alma, el número y la armonía se apoderan de ella?». En la Grecia clásica la música era una actividad de gran importancia, aunque se desconoce cómo era la de aquel tiempo —no ha llegado a nosotros en la tradición musical escrita o transmitida oralmente— y solo tenemos referencias indirectas sobre el contexto y reacciones que producía, con claras evidencias de su relevancia social.

Las imágenes de Elvis, Mick Jagger o Justin Bieber en los escenarios, rodeados de admiradoras, o la más modesta de Don Giovanni en la ópera de Mozart, rondando el balcón de su pretendida con una mandolina, son ejemplos, separados varios siglos, de una visión social —y también sexual— de la música, que trasciende los tiempos. ¿Cuántos jóvenes no han querido ser músicos de pop-rock para conocer cientos de chicas o chicos? Nada extraño, incluso científicamente. El psiquiatra Krafft-Ebing propuso, ya en el siglo XIX, la importancia del deseo sexual en las artes visuales y otras formas de creatividad, lo que bien podría generalizarse a la música.

Lenguaje y música

Los humanos, salvo excepciones, tenemos la capacidad de manejar el lenguaje y la música de manera eficiente, capacidad que se origina en una serie de zonas cerebrales específicas. A mediados del siglo XIX se tuvieron evidencias de que el lenguaje y la música comparten una serie de áreas, como la de Broca, situada en el hemisferio izquierdo, y más adelante se amplió el estudio del papel de la música en la evolución del ser humano, y se relacionó con el del lenguaje. Ambas capacidades requieren el procesamiento cerebral de información acústica muy compleja y dinámica, con sus características de ritmo, frecuencias variables, timbre, tono, fraseo, etcétera, para lo que el cerebro de nuestros antecesores homínidos tuvo que evolucionar a lo largo de cientos de miles de años. También se ha propuesto que los dos siguen estructuras y reglas específicas, en distintos niveles, que son universales —es decir, que son independientes de cualquier contexto particular—, en tanto en cuanto todos los seres humanos de todas las culturas y sociedades son capaces de reconocer la música cuando la oyen, así como de reproducirla y crearla.

Desde un punto de vista evolutivo, la concurrencia de aspectos musicales y hablados en el hemisferio izquierdo podría indicar una relación directa de ambos y se ha barajado la posibilidad de que hubiese sido la voz cantada la primera que habrían emitido nuestros antepasados para comunicarse. Por ejemplo, Robin Dunbar, investigador de la Universidad de Oxford, sugiere que los humanos comenzaron a crear música mucho antes de que el lenguaje se hubiese desarrollado. Como apoyo a esta teoría, en esta relación lenguaje-música, diversas investigaciones sugieren que los músicos tienen mayor facilidad para aprender otras lenguas que los no músicos, como propone la investigadora Liisa Henriksson-Macaulay en recientes escritos.

Sin embargo, en el siglo XIX predominaba la teoría de que la música había evolucionado en la historia del ser humano a partir del lenguaje. Contra esta idea, un investigador de finales de este mismo siglo, Wallaschek, musicólogo y psicólogo austriaco, argumentó que la música se pudo desarrollar a partir del ritmo como una expresión de emoción, y que los textos de las canciones adquieren un significado emocional que va más allá del significado intelectual del texto. Richard Wallaschek también describió pacientes con afasia —lesión cerebral que produce alteraciones del lenguaje—, que aún podían cantar textos de canciones, pero habían perdido la capacidad de conversar o elaborar un discurso hablado.

Cuando un recién nacido aprende a reconocer las canciones que le canta su madre está respondiendo a características físicas de los sonidos que recibe, que pronto comenzará a identificar como música. Los niños responden al ritmo, el tono, la intensidad y el timbre de la voz de la madre, que son características básicas musicales. Ya desde el nacimiento, la música comienza a tener un significado de comunicación y emociones, que los pequeños aprenden a interpretar. Las letras de las canciones no relatan un cuento o una historia completa, sino algo diferente, con frecuencia emocional.

Múltiples investigaciones sugieren que los niños nacen con dos sistemas innatos de creación y procesamiento de los sonidos: uno para las lenguas, que incluye vocales, consonantes, el timbre y características básicas del lenguaje; y otro que tiene que ver con ritmos, tonalidades y secuencias que asociamos con la música. Incluso sin acudir a la escuela, los pequeños aprenden con sus padres y con otros niños una lengua y las características básicas del tipo de música predominante en su contexto cultural. Todo ello se puede asociar con timbres y tonos que tienen también relación con las características genéticas de la población; por ejemplo, individuos más altos o bajos, con cuerdas vocales que generan voces más oscuras o claras, graves o agudas.

Existe asimismo una evidente relación entre las diferentes lenguas de diversas regiones del mundo y su música, y también entre el propio crecimiento de los niños en un contexto cultural y la música de esa zona. Así, parece tarea ardua escribir tangos inolvidables en chino mandarín y la probabilidad de que surja una figura del blues sureño en Zamora —con perdón— no parece muy elevada, por diversas razones, como no lo es que salgan figuras del flamenco en Japón, pese al alto número de practicantes en ese país. La propia lengua y el contexto cultural en el que uno nace marcan sustancialmente nuestro desarrollo cerebral, tal como ha mostrado Patricia Kuhl y sus colaboradores de la Universidad de Washington, entre otros. No obstante, en cuanto a la música clásica, el mejor tenor wagneriano, cantando en alemán, puede ser español o danés —y de hecho así ha ocurrido, en ocasiones— y el mejor clarinetista puede ser una joven coreana.

Aunque no hay duda de la relación a nivel cerebral que se produce entre la música y el lenguaje, sobre todo en las canciones y obras cantadas, ambos procesos cognitivos tienen sistemas de funcionamiento independientes. Es decir, existe un procesamiento dual de la información sonora, tal como demuestra el hecho de que las lesiones que provocan una afasia pueden no afectar al procesamiento musical de ciertas características básicas, como Wallaschek describió. Se han estudiado casos de pacientes con afasia capaces de cantar temas con letra. Es más, en esos casos, el daño cerebral incluso puede potenciar el desarrollo de las capacidades musicales, como veremos más adelante.

Noam Chomsky, catedrático del MIT, en Boston, padre de la lingüística computacional, ha propuesto que todos los humanos venimos al mundo con una capacidad innata para aprender y poder comunicarnos usando cualquiera de las miles (más de seis mil, oficialmente) de lenguas del mundo. Basándonos en esa capacidad innata, cada persona desarrolla su cerebro adaptándose a cada lengua, creando las conexiones neuronales que permiten su manejo y dominio. Y una vez pasada la juventud, cada vez es más complicado aprender una lengua perfectamente con sus matices e inflexiones de entonación. Partiendo de esta idea, algunos músicos han propuesto que las teorías de Chomsky —fundamentales en otros campos como la informática teórica— podrían ser aplicables a la música. Según ellos, las personas contamos con la capacidad de manejar estructuras o un lenguaje básico musical, que nuestro cerebro utiliza para crear o interpretar música.

El director de orquesta y compositor Leonard Bernstein (autor de las obras musicales *West Side Story* y *Candide*, entre otras), influido por las teorías de Chomsky, intentó comparar la sintaxis musical con la lingüística, para lo que insistía en el carácter generativo de la música tonal occidental. Esta similitud se basaría en principios que gobernarían la combinación de elementos estructurales discretos en secuencias, en ambos casos. Por ejemplo, considerando analogías entre sustantivos y verbos, por un lado, y ciertos elementos musicales como motivos y ritmo, por otro. Bernstein escribió un libro dedicado a este tema, basado en unas conferencias que él mismo impartió en la Universidad de Harvard. En desacuerdo con Bernstein, el también director y compositor francés Pierre Boulez sostenía que esta teoría podría tener sentido para la música rigurosamente tonal pero no para músicas previas o posteriores, como la del barroco o la atonal (predominante en la música clásica del siglo XX, en Occidente, no basada en las estructuras tonales clásicas) y posteriores. En la música tonal clásica (la que conocemos en Mozart, Beethoven, Verdi o el pop-rock, entre tantos otros) prevalecen ciertas reglas, patrones y relaciones, como notas tónicas, dominantes, escalas menores, etcétera. No obstante, la música comunica significados y conceptos muy diferentes a los del lenguaje. La idea «chomskiana» de Bernstein está hoy prácticamente olvidada.

Características musicales

Los elementos básicos de cualquier sonido son ritmo, volumen (intensidad), tono, contorno, duración, timbre y localización espacial. Cuando juntamos una serie de notas se forma una melodía. Esta es la combinación, en nuestra mente, de los sonidos más relevantes del tema principal de una pieza musical, que es la que permanece con mayor fuerza en nuestra memoria. Suele ser la parte más reconocible en la música junto con el ritmo, que viene determinado por la duración y frecuencia de aparición de las notas. Varias notas que aparecen conjuntamente crean una armonía.

El timbre es, según el *DRAE*, «la cualidad de los sonidos, determinada por el efecto perceptivo que produce en los oyentes». Es característico de cada instrumento y particularmente destacable en la voz. Igualmente, dentro de los cantantes de ópera hablamos de timbre argentino, broncíneo, aterciopelado, metálico, etcétera, propiedades que se aprenden a reconocer con la experiencia, las enseñanzas de un entendido o lecturas y escuchas atentas. En general, para un cantante, el timbre y el color (claro, oscuro) de la voz son características importantes y que marcan el éxito en el público. Si una voz es reconocible inmediatamente, aunque no sea de una especial belleza (pensemos en Jimi Hendrix, Joaquín Sabina, Louis Armstrong o Charles Aznavour), el público la diferenciará rápidamente de la del resto de los cantantes. Ese reconocimiento inmediato que nuestro cerebro hace de la voz particular de un cantante puede ser una característica clave en su éxito.

Los intérpretes más expertos e inteligentes saben cómo provocar —o incluso manipular— las emociones de sus oyentes, sobre todo en conciertos en directo. Muchos grandes compositores han sido maestros en esto mismo, incluso de forma instintiva. Y en este aspecto emocional las características de los sonidos producidos y su combinación tienen también una importancia fundamental. Las tonalidades concretas, el uso del legato (la unión de varias notas sin interrupción), ciertos acordes (conjuntos de notas producidas al mismo tiempo), el rubato (la alteración del valor del tiempo de ciertas notas para modificar la expresión musical), el juego con la acústica del local, los colores del sonido (más claro u oscuro) de cada instrumento, el paso del forte al piano y viceversa, la pulsación de cuerdas o teclas, entre otras, son manejadas por algunos músicos, tanto compositores como intérpretes, de forma magistral. En el caso de los cantantes, la expresión y la dicción adecuadas del texto musical, el juego de intensidad y de los colores de la voz, el fraseo, la emisión del sonido, así como su proyección son aspectos fundamentales que algunos cantantes dominan. No digamos los silencios, que los mejores músicos saben manejar de manera muy personal. Cantantes excepcionales de ópera, como Plácido Domingo, Beniamino Gigli, Jessye Norman y tantos otros, han sabido cambiar la intensidad, color y otras características en sus voces, adaptándolas a la música que interpretaban, fuese la ópera *Otello* de Verdi o una canción popular. Manejar con sabiduría esos cambios requiere un trabajo de muchos años, que el público admira y puede pensar que es un don natural, sin conocer los arduos procesos cognitivos y de entrenamiento requeridos para ello.

Desafina, que no se enteran

Cualquier nota musical que escuchemos en un instrumento o en un cantante tiene una frecuencia más baja, que se denomina «fundamental» y la notamos más claramente, pero existen otras frecuencias asociadas, denominadas «armónicos». A pesar de esta diferenciación acústica, con diversos sonidos, nuestro cerebro los reconoce en una sola nota. Evolutivamente tiene un sentido práctico, porque así nuestro cerebro evita posibles confusiones. Y lo mismo que ocurre al reconocer sonidos naturales, como el canto de los pájaros, el fluir del agua, un trueno, el fuego, el aullido de un animal.

Cuando un instrumento o cantante se desvía del tono correcto y esperado en una nota, decimos que desafina. Para un músico o persona con formación musical y buen oído, escuchar un recital con instrumentos o voces que desafinan es un auténtico suplicio. Su cerebro automáticamente identifica esos sonidos anormales, aunque no conozca la pieza musical que se interpreta, y puede sorprenderle aún más comprobar que parte del público ha sido incapaz de reconocerlos. Sabemos que una parte de la población no tiene, en la lengua, las papilas gustativas necesarias para distinguir ciertos sabores, por ejemplo, del vino. De la misma forma hay un número considerable de personas que no cuentan con la capacidad musical para reconocer si una nota está desafinada o para recordar una melodía con exactitud. Existen causas cerebrales o fisiológicas para ese déficit, algunas de ellas no bien conocidas. En la mayor parte de los casos, una adecuada educación y la práctica musical con un instrumento suelen mejorar estas capacidades musicales.

LA ARMONÍA ELECTROQUÍMICA DE LAS NEURONAS: UNA ORQUESTA FILARMÓNICA CEREBRAL

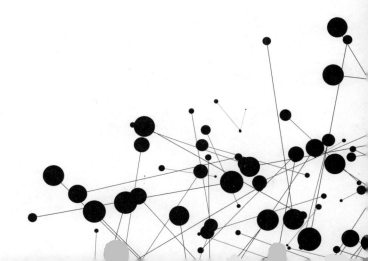

Nuestro cerebro consta de un número aproximado de 10^{12} neuronas, que son las células básicas, desde un punto de vista anatómico y funcional, de este órgano. Armonizar el funcionamiento de tal número de células para todas las tareas cognitivas del ser humano es un proceso de enorme complejidad, solo comprendido científicamente en parte. Veamos ese proceso en relación con la música.

Levitin, uno de los principales neurocientíficos que ha estudiado el tema musical, describe el proceso que se produce en nuestro cerebro cuando escuchamos una pieza de música. Las células capilares de la cóclea, en el oído interno, clasifican el sonido que llega en bandas de frecuencias diferentes y envían señales eléctricas al córtex auditivo primario, que indica las frecuencias que están presentes en la señal. A esto se suma la actividad de regiones adicionales del lóbulo temporal, incluidos el surco temporal superior y el giro temporal superior, dos zonas cerebrales situadas a ambos lados del cerebro, que ayudan a diferenciar los distintos timbres que escuchamos. Una vez procesadas estas señales, el hipocampo colabora en la recuperación de sonidos similares en la memoria, con el apoyo de áreas cerebrales de los lóbulos temporal, parietal y occipital. El hipocampo (una zona que recuerda a un caballito de mar, situada en el cerebro) tiene un papel importante en el aprendizaje y la memoria musical.

Este complejo proceso ha sido estudiado mediante mapas de actividad eléctrica cerebral (obtenidos de potenciales evocados, magnetoencefalografía y resonancia magnética), que muestran las áreas implicadas, aunque no conozcamos con precisión el mecanismo de procesamiento cerebral en el que se basan. Por ejemplo, desconocemos el código usado por las neuronas para manejar la información intercambiada a través de procesos electroquímicos y cómo grupos de neuronas se asocian para su procesamiento. Igualmente, ignoramos cómo se codifican las relaciones tonales y de intervalos musicales, aunque podamos haber identificado, con imágenes, las áreas responsables de estas características. Este trayecto, desde nuestro aparato auditivo hasta el sistema límbico cerebral, es el que nos permite gozar de la experiencia musical en toda su riqueza y complejidad. Veamos a continuación lo que conocemos de este proceso y lo que aún ignoramos sobre él.

La percepción musical

El oído humano es el órgano encargado de la recepción de sonidos, musicales o no, en un rango de frecuencias lo suficientemente amplio para poder ser el primer eslabón en el procesamiento musical realizado por nuestro cerebro. Aunque el oído humano está capacitado para apreciar un rango alto de frecuencias, esta capacidad es menor que la de muchos animales. El sistema auditivo humano posee un considerable rango de apreciación de intensidades del sonido, que se miden por decibelios (dB, unidad utilizada en acústica para medir la intensidad del sonido). El rango dinámico de la audición (las frecuencias que podemos oír) corresponde a unos 120 dB. Los músicos —o sus ingenieros de sonido, por ejemplo, en conciertos al aire libre— y compositores conocen, muchas veces intuitivamente, esas capacidades auditivas humanas y su efecto en los oyentes. Por eso regulan la intensidad del sonido (del forte, el sonido intenso, al piano, el más suave) con el fin de aumentar ciertas sensaciones en el público. No es casualidad que Beethoven usase el signo «ff» (*fortissimo*) en el famoso inicio de su quinta sinfonía y el signo contrario «pp» (*pianissimo*) en el inicio de su sonata 14 para piano, llamada «Claro de Luna». El efecto, solo aparentemente opuesto, tiene la misma intención de capturar la atención total y estimular las emociones del oyente.

El oído consta de tres partes bien diferenciadas: oído externo, medio e interno. El oído externo sirve de receptor de los sonidos, filtrando sus ondas desde el tímpano, la membrana que lo separa del exterior. Una vez pasado el tímpano, las ondas sonoras son amplificadas en el oído medio, para favorecer su procesamiento, o atenuadas, cuando son demasiado fuertes, con el fin de evitar posibles daños en el oído interno. En este reside la cóclea, con varios compartimentos que contienen un líquido que alberga a su vez el órgano de Corti, cuyos receptores auditivos transmitirán los sonidos en forma de señales eléctricas a través del llamado «par craneal octavo», que incluye los nervios coclear y auditivo, cuyas ramificaciones llegan a los núcleos auditivos cerebrales. El oído interno es también el encargado del equilibrio.

El líder del grupo The Who, el guitarrista Pete Townshend, perdió la audición del oído derecho debido al golpe de un platillo de batería que había saltado por los aires tras una explosión de pólvora, colocada por el batería Keith Moon —uno de los locos más simpáticos del mundo pop, fallecido años después por consumo de drogas— como efecto pirotécnico en una actuación. Cuentan que a Moon le pareció insuficiente que Townshend

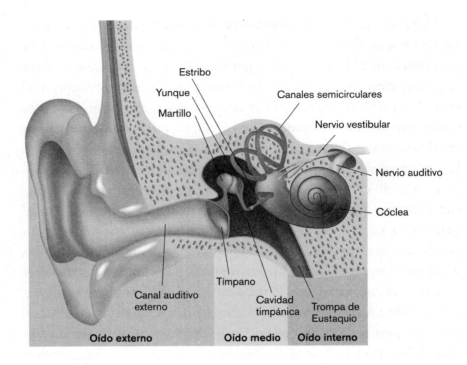

Figura 2: Estructura del oído, con sus principales componentes.

destrozase su guitarra y quiso mejorar el espectáculo haciendo volar la batería. El golpe alteró la audición global de Townshend. Al carecer de un oído, el cerebro no solo pierde esa audición lateral, sino que se produce un efecto similar a un muro de sonido, completamente plano (en mono, no estéreo), lo que impide reconocer la dirección espacial de la que procede un sonido concreto. Pese a perder el oído, al igual que le ocurrió a Brian Wilson, líder de The Beach Boys, ambos músicos fueron capaces de componer y liderar la grabación de algunos de los discos más interesantes de la historia del pop, haciendo incluso un uso magistral del novedoso sonido estéreo desde mediados de la década de 1960.

Veíamos antes que, cuando escuchamos una nota ejecutada en un instrumento, nuestro cerebro reconoce una frecuencia fundamental, junto con otros tonos que son los armónicos. Para la percepción de los sonidos es necesaria la relación temporal entre los principales componentes acústicos, físicos, del sonido, conocidos como «formantes». Los cantantes de ópera aprenden intuitivamente a reconocer sus propios armónicos, no solo por la voz en sí, sino también por las sensaciones de las vibraciones en el espacio en el que se encuentran. Los instrumentistas clásicos y grupos de música moderna necesitan ensayar en la sala de conciertos para comprobar su acústica, pues, de no hacerlo, les puede dar más de un disgusto, aparte de un calambrazo a los que usan instrumentos electrónicos, que es un problema diferente.

Los humanos escuchamos por el oído externo pero también por el oído interno, que recoge las vibraciones del cráneo y modifica la percepción de nuestra propia voz; por eso, esta suena muy diferente a lo que creemos cuando la escuchamos grabada por primera vez. Si un cantante se fija solo en su propio sonido, el que escucha en su oído, su percepción será engañosa. Así, los grandes cantantes siempre explican que se escuchan poco —ellos mismos y los que están cerca, en un escenario— porque la voz sale proyectada hacia el exterior. Si un cantante oye su voz con mucha intensidad y piensa, por ello, que tiene un cañón en la garganta, la sensación es equívoca, ya que es muy posible que esté gritando y puede hacerse (mucho) daño. En una ocasión, estando con mi familia en un palco del segundo piso del Teatro Real de Madrid, apareció allí un aficionado, en un momento en el que el público entusiasmado pedía el bis de un famoso dúo de la ópera *Rigoletto*, de Verdi, con el gran barítono Leo Nucci. El espontáneo empezó a solmenar estruendosos gritos de ¡bravo!, dedicados al protagonista, al lado del autor y su hijo. Al pedirle que no gritase tanto, me contestó que «esto es la ópera», y si no lo entendía, que no fuese al teatro; pero, justamente, eso no es la ópera. Mi hijo pensó que la voz era impresionante, ideal para cantar en un escenario. Sin embargo, pronto pudo comprobar que no era así: al cambiarse el voceras al otro lado simétrico del teatro, los mismos gritos estruendosos apenas se oían, como si fuesen un susurro. Los mejores cantantes de ópera apoyan la voz en el diafragma y la proyectan al exterior, lo más lejos posible —«al infinito», se suele decir metafóricamente—, sin apretar abdomen, pecho, cuello ni garganta, y ese sonido libre se oye mucho más potente a distancia.

Las señales correspondientes a los sonidos pasarán por regiones como el tálamo, la amígdala y el hipocampo, y serán procesadas más tarde por distintas áreas cerebrales en el lóbulo temporal. Aparte del propio procesamiento del sonido, la percepción e interpretación musical son el resultado de muchos procesos cerebrales que interactúan entre ellos y con otros componentes emocionales o motores (del movimiento).

¿Es usted de izquierdas o derechas?

Visto desde arriba, el encéfalo humano recuerda a la forma de una nuez. Lo primero que llama la atención es la profunda línea central que parece separar el órgano por la mitad y da lugar a los hemisferios cerebrales. Su revestimiento es el córtex cerebral, una delgada capa de neuronas, situada en la parte externa del cerebro. Esta amplia zona es la que causa y domina los mecanismos conscientes, y está implicada en la percepción, en los procesos cognitivos y en la emoción, incluyendo componentes como son la atención, la acción, el razonamiento, la planificación, la toma de decisiones, el aprendizaje o la memoria. También tiene una acción moduladora de los mecanismos y estructuras subcorticales, más implicados en procesos inconscientes o automáticos, por lo que el córtex cerebral participa en todos los fenómenos fisiológicos y psicológicos que se originan en el cerebro.

En el siglo XIX, el médico alemán Korbinian Brodmann (1868-1918) fue el primero en cartografiar y numerar las áreas cerebrales. A su vez, el anatomista francés Pierre Paul Broca (1824-1880) y el psiquiatra alemán Carl Wernicke (1848-1905) descubrieron, analizando cadáveres de personas que habían sufrido diversos defectos del habla y el lenguaje tras alguna lesión cerebral, las áreas cerebrales específicas que causaban estos problemas. La comprensión del lenguaje, concretamente, está localizada en el lóbulo temporal. El médico y humanista checo Carl von Rokitansky (1804-1878) descubrió el papel del hipotálamo, una estructura relacionada con el control hormonal, el estrés y otras reacciones corporales, y que también está implicada en la respuesta emocional a la música.

Jackson (1835-1911), neurólogo inglés, propuso, siguiendo las investigaciones de Broca y Wernicke, que el hemisferio izquierdo posee una función analítica y de manejo del lenguaje, mientras que el derecho estaría más dedicado a elaborar nuevas combinaciones de ideas y sería más relevante en la imaginación. También propuso que cada hemisferio ejerce cierto control sobre el otro. Una lesión concreta en un hemisferio provoca que el hemisferio contrario no se pueda inhibir, lo que, por ejemplo, puede estimular la creatividad del hemisferio derecho en el caso de lesiones en el izquierdo. Los casos que llevaron a Jackson a tal conjetura fueron los de niños con afasia adquirida, trastorno del lenguaje provocado por lesiones en el hemisferio izquierdo, que, paradójicamente, mejoraban sus capacidades musicales. Veremos más adelante la importancia de este hallazgo en el estudio de la relación cerebro-música.

Una idea muy común, favorecida por la literatura de consumo, sugiere que el hemisferio izquierdo es el racional y el derecho el creativo. Tal división radical, sin una base fisiológica de exclusividad, ha favorecido un sinfín de teorías pseudocientíficas que propugnan desarrollar más un hemisferio que otro siguiendo una serie de ejercicios o pautas psicológicas, recomendados en manuales de autoayuda.

Según esta teoría deberíamos suponer un predominio del hemisferio derecho en el ámbito de la música; sin embargo, los mejores músicos logran coordinar ambos hemisferios de forma magistral. Numerosos estudios han comprobado cómo el procesamiento de una melodía musical activa ambos hemisferios cerebrales, aunque en el caso de los músicos existe un predominio izquierdo porque su educación musical hace que procesen la melodía de forma más analítica. Mientras que el procesamiento de la armonía muestra más actividad en el hemisferio izquierdo, el del ritmo se produce más en el derecho, con clara actividad del cerebelo y la parte subcortical del cerebro. La función del hemisferio cerebral derecho es fundamental para el aprendizaje musical y el manejo de las emociones. El cerebro izquierdo puede manejar el «cómo» de un músico pero el verdadero músico profesional o aquel dedicado a ello largo tiempo aprende a manejar ambos hemisferios. De manera inconsciente, como veremos más adelante.

Antes de que el hemisferio derecho pueda realizar sus tareas musicales, el cerebro debe practicar lenta y prolongadamente un manual de instrucciones en el hemisferio izquierdo. Leer música o tablaturas (representaciones de notas musicales por números y líneas para los que no pueden leer partituras) y aprenderlas de memoria son habilidades del hemisferio izquierdo. Si bien activi-

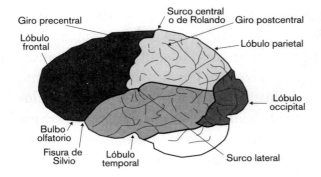

Figura 3: Lóbulos cerebrales.

dades como las relacionadas con las artes visuales, la informática o el lenguaje predominan en gran parte en un solo hemisferio, la música es una de las pocas que estimula sustancialmente ambos lados del cerebro. Así, se ha visto que los cerebros de los músicos también muestran diferencias funcionales con los no músicos. Por ejemplo, los pianistas profesionales mostraban niveles más altos de actividad en estas áreas mencionadas y una capacidad superior para crear y manejar imágenes musicales, debido a su formación musical específica.

Ambos hemisferios se dividen en cuatro lóbulos: frontal, parietal, temporal y occipital, a los que se añaden el cerebelo y las zonas subcorticales. El lóbulo frontal controla la atención, la planificación, la toma de decisiones y los procesos de control y ejecución de funciones motoras voluntarias. Las personas con afectación de estas áreas suelen estar apáticas y pueden perder las ganas de vivir y realizar actividades. El lóbulo temporal está asociado con la memoria, el procesamiento auditivo y el lenguaje, y tiene una importancia fundamental en los procesos musicales. Existe un cierto consenso en cuanto a que el córtex auditivo primario corresponde al área clasificada como 41 por Brodmann en el lóbulo temporal, el encargado del procesamiento auditivo.

Esta región cerebral está circundada por áreas cerebrales encargadas de la asociación de estos sonidos con recuerdos, imágenes, otros sonidos, etcétera, transformando las sensaciones primarias en percepciones con un significado. Por su parte, el lóbulo parietal se encarga del movimiento, de las acciones motoras y las destrezas espaciales, mientras que el lóbulo occipital se ocupa principalmente de la visión (las personas con daños en estas zonas pierden capacidad visual y pueden quedar ciegas). El cuerpo calloso —más desarrollado en las mujeres— comunica ambos hemisferios y participa en las emociones. El cerebelo y partes subcorticales participan también de las emociones y de movimientos involuntarios y automáticos.

El análisis cuantitativo de la organización espacio-temporal muestra el predominio de la corteza motora (situada en el lóbulo frontal cerebral) en los movimientos necesarios para la interpretación musical. Un libro reciente, *Music, Motor control and the Brain*, editado por el neurofisiólogo alemán Eckart Altenmüller y otros colegas, muestra estos aspectos en detalle. De acuerdo con la línea de argumentación del autor, las habilidades generales musicales alcanzan continuamente niveles más altos de perfección y virtuosismo, de forma similar a cómo los récords mundiales en deportes atléticos se han desplazado a mejores puntuaciones y velocidades. El inicio temprano de la formación musical, las becas que permiten a muchos estudiantes dedicar varios años al estudio musical, la existencia de una experiencia didáctica mucho mayor y los medios audiovisuales disponibles para el estudiante —que puede imitar uno a uno cada movimiento de intérpretes del pasado— han mejorado este aspecto meramente motor. Sin embargo, esta hipótesis es discutible. Para mí, por ejemplo, hay pocos cantantes de ópera actuales que resistan la comparación con los muchos excelsos intérpretes que había antes de 1970, ni

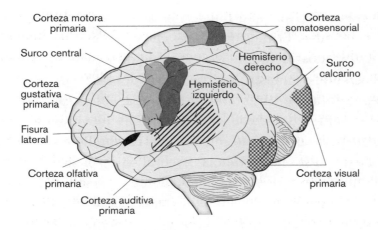

Figura 4: Áreas funcionales de la corteza cerebral.

hay pianistas actuales que se acerquen técnicamente a la perfección de Vladimir Horowitz o Sviatoslav Richter, dos admirables ejemplos del pasado reciente. La hipótesis es más plausible si consideramos otros numerosos casos, como el del gran violinista y compositor navarro Pablo Sarasate (1844-1908), uno de los grandes virtuosos de la historia, solo superado por Paganini en la tradición musical. Si se escuchan sus grabaciones (con sonido muy deficiente por la obvias limitaciones de la época), uno intuye que se encuentra ante un grandísimo músico, con un tono y personalidad admirables; sin embargo, desde el punto de vista de la ejecución técnica, no se dan las diferencias (en velocidad, agilidad o precisión, por ejemplo) que uno podría imaginar entre este pianista mítico y numerosos violinistas actuales —diferencias que sí existían en su tiempo con otros violinistas, según las crónicas de la época. Altenmüller describe las investigaciones realizadas para determinar las capacidades motoras específicas en pianistas e instrumentistas de cuerda, en las que se aprecian diferencias objetivas, que pueden observarse también en imágenes cerebrales. El neurocirujano canadiense Wilder Penfield (1891-1976) mostró ya anteriormente la diferencia de representación cerebral de nuestro cuerpo. Los dedos de las manos tienen una representación cerebral más marcada, con áreas cerebrales más intensamente dedicadas a su control y movimiento, lo que se aprecia particularmente en imágenes cerebrales en violinistas. En bailarines, esta importancia cerebral se desplaza asimismo a los miembros inferiores así como a áreas especializadas en sincronización, como han visto, con imágenes de tomografía por emisión de positrones (PET), el psicólogo Stephen Brown y sus colegas en la Universidad de Sheffield.

Tonal o no tonal, esa es la cuestión

Si veíamos que el cerebro cuenta con una especial facilidad para reconocer los sonidos de la naturaleza, lo que tiene un sentido evolutivo, de la misma forma las estructuras musicales comunes en la estructura tonal occidental tienen su base en series de armónicos naturales. Purves, un neurobiólogo de la Universidad de Duke, ha propuesto que los acordes (combinaciones de notas que son utilizadas profusamente en la música) pueden ser más (consonantes) o menos (disonantes) atractivos para nuestro cerebro según tres interpretaciones: 1) la consonancia viene de la simplicidad matemática de las relaciones entre notas; 2) la consonancia se deriva de la ausencia física de interferencia entre los espectros armónicos; y 3) la consonancia proviene de la facilidad con que nuestro sistema auditivo puede reconocer las notas concretas que aparecen en esos acordes. Para Purves, nuestro cerebro interpretaría como más agradables aquellas notas que son más

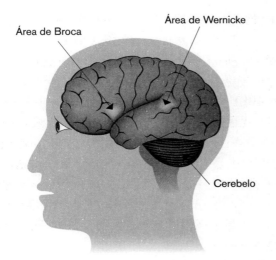

Área de Broca

Área de Wernicke

Cerebelo

Figura 5: Áreas de Broca y de Wernicke.

fácilmente reconocibles por nuestro cerebro, de entre las innumerables posibles notas musicales, variando mínimamente su frecuencia.

Los compositores utilizan melodías, tonalidades, escalas y armonías, típicas de otras músicas, para crear efectos llamativos en los oyentes. Pensemos en algunas piezas de Debussy, en la ópera *Turandot* de Puccini o en la opereta *El País de las Sonrisas*, de Franz Lehar, todas ellas con sus intervalos y patrones típicos de la música de China. Ritmos y armonías de la música española fueron muy populares en el resto de Europa en el siglo XIX, pues producían un efecto inmediato, exótico, cuando eran representados. Un efecto similar, aunque mucho más revolucionario, se pretendía con la música atonal, propuesta a comienzos del siglo XX por los compositores clásicos Stravinski y Schönberg y que, tras décadas de conflictivas presentaciones ante las audiencias, ha sido aceptada por un amplio público —aunque haya llevado, en ocasiones, al abandono de otra parte numerosa—. El término *tonal* indica una jerarquía entre las notas, lo que es común a muchas culturas; al contrario, en la música atonal, se prescinde de esta jerarquía al no existir el predominio de una nota tónica, por lo que todas las notas de la escala tienen una relevancia similar. El efecto en el oyente es inmediato, ya que este no sabe —incluso sin ser ducho en música puede notarlo intuitivamente— cuál es la jerarquía de las notas de la obra que está escuchando, lo que provoca en nuestro cerebro una incredulidad, por un lado, y una curiosidad, por otra, que mantienen la atención de los oyentes. Muchos de estos esperan una melodía reconocible, dentro del tipo de tonalidad que han escuchado con mayor frecuencia a lo largo de su vida, que no llegará; en otros oyentes, esta tensión es estimulante.

Aunque la música atonal tiene un atractivo indudable —cuando es de calidad— y causa una sorpresa inmediata en nuestro cerebro, estimulándolo positivamente y creando un interés en explorarla y comprenderla, diversos investigadores se preguntan si no es una música «antinatural», o al menos más difícil de percibir. Nuestro cerebro acepta más fácilmente la música tonal tradicional porque precisamente fue creada así por ser el sistema jerárquico más reconocible y agradable a nuestro sistema perceptivo cerebral. El mismo compositor Schönberg dudaba de si su sistema atonal tendría más sentido para nuestra mente que el tonal clásico.

Tecnologías médicas en la investigación musical

El estudio de la relación anatómica y fisiológica con las capacidades musicales se remonta al siglo XIX. Un investigador alemán, Franz Joseph Gall (1758-1828), quiso analizar la dependencia que podría haber entre las capacidades de los músicos y sus anatomías craneales. Esta idea surgió tras estudiar la anatomía de una niña que, según sus padres, podía recordar cualquier concierto musical con solo oírlo dos veces. Gall creyó ver en la forma del cráneo de la niña una apariencia muy definida, y pensó que existía una relación física directa —inexistente, en realidad, como se vio más tarde, por lo que se ha considerado esta teoría, llamada «frenológica», como pseudocientífica— entre esta forma anatómica y su capacidad musical. Básicamente, lo que Gall propuso, por primera vez en la historia, es que existen áreas cerebrales encargadas de diversas tareas, también para la música.

Entre las técnicas disponibles para el estudio del cerebro musical, destaca el electroencefalograma (EEG), presentado por Hans Berger en 1929. Esta prueba consiste en registrar, mediante una serie de electrodos situados en una malla o casco, alrededor del cráneo de la persona estudiada, la actividad eléctrica cerebral y aumentarla mediante un amplificador. Una vez hecho esto, las señales se muestran en un papel o pantalla, en los que se imprime o representa el resultado de la suma de la actividad de las neuronas situadas dentro del cráneo. Al ser generalmente imposible —salvo en animales de laboratorio o en pacientes durante una operación de neurocirugía— introducir los electrodos en el cerebro, estos no pueden recoger, directamente, la actividad de una o pocas neuronas, sino señales eléctricas de grandes grupos de ellas, a distancia. Su uso es común en pacientes con problemas de sueño, tumores y, sobre todo, epilepsia. No obstante, una gran cantidad de la actividad eléctrica neuronal no se puede medir de forma eficiente con esta técnica, particularmente en ciertas zonas cerebrales como el tálamo, la amígdala y otras zonas subcorticales, cuyas neuronas son difícilmente detectables por electrodos situados en el cuero cabelludo. En el caso del EEG podríamos alterar el viejo refrán y decir que «el bosque no deja ver los árboles».

Una variación del EEG son los potenciales evocados, con los que se registran las variaciones eléctricas producidas en las señales cerebrales por un suceso concreto, a lo largo de un segundo (por ejemplo, una imagen o un sonido inesperado presentados a un paciente). Gracias a esta técnica pueden observarse los procesos que se producen durante ese breve tiempo, con ondas denominadas P100, N200, P300, etcétera, que se corresponden con el milisegundo en el que se registra esta variación. Durante muchos años se ha considerado que estos potenciales tienen una relación directa con procesos como la memoria, la toma de decisiones, la atención y otros.

Ambos, EEG y potenciales evocados, se han utilizado profusamente en la investigación de la actividad cerebral relacionada con diversos aspectos musicales (por ejemplo, manejo de tono, interpretación, composición, intensidad, frecuencias, timbre, color, armonías de los sonidos o reconocimiento de melodías) en las diversas regiones y áreas que componen el cerebro humano. El individuo que se somete a la prueba debe realizar diversas tareas musicales mientras se registran en un dispositivo las señales de actividad eléctrica que emite durante la realización de las mismas. Una vez interpretadas, en general, los resultados son inespecíficos y las conclusiones que se pueden sacar de estas investigaciones no suelen ser definitivas, aunque proporcionan información de gran interés para detectar el tipo de patrones temporales que se producen en el cerebro durante diversas tareas musicales.

Si el EEG permite la detección de señales eléctricas procedentes del cerebro, con el electromiograma podemos medir, por ejemplo, la actividad muscular y la reacción ante estímulos, lo que nos va a ser útil para estudiar procesos neuromusculares en intérpretes de música.

La resonancia magnética funcional (RMf) es un procedimiento radiológico, usado en investigación, que consiste en generar

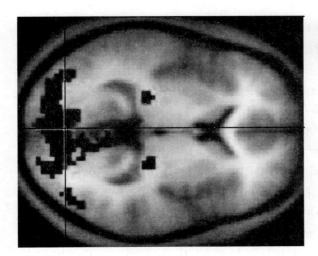

Figura 6: Imagen de resonancia magnética funcional.

una serie de imágenes, mediante resonancia magnética, que se van registrando en un tiempo concreto como reflejo de la actividad que diversas áreas cerebrales están realizando. Las imágenes de RMf muestran la estructura cerebral a la vez que el flujo sanguíneo, que es reflejo de la actividad de las células cerebrales, ya que el metabolismo neuronal hace aumentar el consumo de oxígeno. Para llevarla a cabo se introduce al voluntario en el dispositivo, y allí realiza una actividad concreta (mental o motora como, por ejemplo, mover una mano). En el caso de la música se destacan las regiones que se encargan del ritmo, la armonía, el manejo de melodías, entre otras, cuya actividad se registra al ordenar al individuo realizar una tarea musical concreta.

Las imágenes de RMf y el EEG son complementarias. El EEG tiene una mayor precisión temporal pero mala resolución espacial, al contrario que la RMf. Por ello, la combinación de ambas permite estudios muy completos en esos aspectos espacio-temporales.

Otro tipo de técnica neurológica usada en la investigación musical es el llamado «test de Wada», que se emplea para localizar funciones cerebrales que son específicas de cada hemisferio, ya que puede haber variaciones entre grupos de personas. En este test se inyecta un barbitúrico en una arteria carótida, en el cuello (lado izquierdo o derecho), e inmediatamente el hemisferio cerebral del mismo lado queda inhibido, sin poder siquiera comunicarse con el otro hemisferio. Como ejemplo, en experimentos sobre música, al inyectarlo en el lado derecho y pedirle al sujeto que cante una canción conocida, este era capaz de mantener el ritmo adecuado pero había olvidado la melodía, sin reconocer las notas que componían la canción. Estos experimentos muestran cómo ciertas tareas musicales tienen su predominio en un hemisferio u otro.

Las imágenes médicas radiológicas se han empleado profusamente en la investigación musical. Estas imágenes, aisladas o juntas con pruebas funcionales novedosas —como la espectroscopia del infrarrojo cercano, usada en ocasiones para investigaciones neurocientíficas relacionadas con la música—, nos ofrecen una información muy útil. En algún caso, como serían las patologías y la cirugía cerebral, permiten comprobar daños en ciertas áreas cerebrales que producen alteraciones de muy diversos tipos en el procesamiento musical, por lo que estas pruebas son una evidencia diagnóstica fundamental. Otra técnica muy usada en el estudio del procesamiento musical por el cerebro es la magnetoencefalografía (MEG), que se realiza analizando los campos magnéticos producidos en el cerebro, que son medidos por dispositivos basados en superconductores cuánticos. La MEG permite llevar a cabo mediciones muy específicas, de gran precisión, con las que se puede observar la actividad conjunta de varias áreas cerebrales. Desde un punto de vista clínico, su principal utilidad es el diagnóstico de la epilepsia, aunque también es muy útil en numerosos experimentos

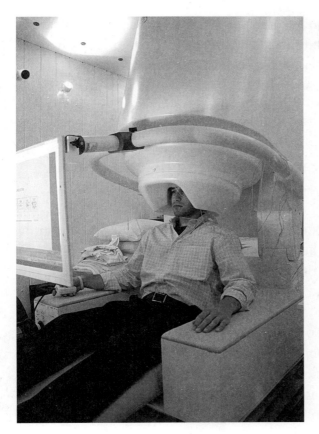

Figura 7: Magnetoen-cefalógrafo.

científicos de investigación. Aún faltan mejores resultados para poder asegurar su expansión en el mundo clínico, igual que pasó hace décadas con la resonancia magnética, pero su empleo está adquiriendo cada vez mayor importancia para determinar cuáles son las áreas involucradas en multitud de actividades musicales.

La tomografía por emisión de positrones (PET) se ha utilizado también en la investigación de la actividad musical del cerebro, pero su elevado coste y el hecho de ser una prueba más invasiva que la RMf hacen que se uso sea menos extendido. Entre otras conclusiones, por ejemplo, las imágenes PET cerebrales han mostrado que el hemisferio derecho se activa especialmente ante tareas nuevas y creativas. Si estas tareas se vuelven rutinarias, la actividad del hemisferio derecho disminuye.

Corazón o cerebro: ¿dónde reside la emoción musical?

La emoción es una cuestión fundamental en la música. Los grandes compositores e intérpretes lo saben y aprenden a manejarla por intuición y experiencia. Desde un punto de vista psicológico, la emoción no es algo que surja del corazón o de las tripas, como se suele decir, sino que se trata de una construcción cerebral (fue Descartes, en su libro *Los principios de la filosofía*, el que claramente situó las emociones en el cerebro), que afecta a diferentes partes de nuestro cuerpo, de diversas formas. Si es de alegría, entusiasmo, terror, enfado o sorpresa, produce, desde el cerebro, reacciones distintas en diferentes partes del cuerpo (corazón, piel, vello, glándulas sudoríparas, receptores periféricos, vasos arteriales, etcétera). La tarea de la psicología y fisiología de la emoción es describir estos fenómenos y explicarlos en términos de sus procesos subyacentes.

Existen diversas hipótesis sobre las áreas cerebrales responsables de los diferentes tipos de emociones, pero hay un cierto consenso acerca de la decisiva participación de varias estructuras, como son el tálamo, el hipotálamo, el hipocampo, el cuerpo calloso, la corteza prefrontal y la amígdala. Las conexiones de estas estructuras con todo el sistema nervioso periférico hacen que se produzcan los signos y síntomas más aparentes para el propio

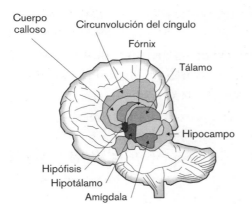

Cuerpo calloso · Circunvolución del cíngulo · Fórnix · Tálamo · Hipocampo · Hipófisis · Hipotálamo · Amígdala

Figura 8: Estructura del sistema límbico cerebral.

sujeto (cambios en el ritmo cardiaco, alteraciones de esfínteres, sudor, molestias abdominales, migrañas, etcétera). La amígdala está conectada con áreas del cerebro que desempeñan un papel predominante en las emociones, y es probable que este rol sea activar o desactivar los circuitos neurales ligados a ellas, dirigiendo nuestra atención y también los mecanismos sociales asociados. Según varias investigaciones recientes, la amígdala tendría la función coordinadora de los procesos cognitivos sociales. El tálamo, el hipotálamo y la amígdala se integran en el llamado «sistema límbico», que regula la memoria, los instintos sexuales y tiene una importancia fundamental en la relación de las emociones con la música.

Diversos estudios han analizado cómo los intérpretes musicales son capaces de comunicar (al menos) cinco emociones diferentes a los oyentes: felicidad, enfado, tristeza, ternura y miedo. Estas emociones pueden, además, recordarse durante largo tiempo. Susann Eschrich, investigadora de la Universidad de Música y Teatro de Hannover, ha comprobado cómo nuestro cerebro recuerda con mayor facilidad y durante más tiempo aquellos fragmentos musicales que despiertan en nosotros emociones de mayor intensidad.

La música se distingue de otras artes en que no solo ocurre en un espacio y en un tiempo —cuya recepción puede ser posterior, en grabaciones—, sino que es posible asistir al propio acto de su interpretación. Así, puede existir una inmediata conexión emocional entre intérpretes y público, lo que no ocurre en otras manifestaciones artísticas como la pintura o la literatura. El teatro sí coincide, al menos en parte, con esta idea espacio-temporal, aunque con diferencias —salvo en el caso del teatro musical—. De hecho, una visión reciente de la ópera pretende que sea cada vez más teatral, con cantantes con mejor aspecto físico y mayores dotes interpretativas, lo que se ha conseguido, hay que decirlo, al menos en mi opinión, a costa de que los cantantes cada vez canten peor.

Muchos músicos clásicos profesionales han dominado, a lo largo de la historia, el arte de tocar o componer con emoción, pero es complicado enseñar esta aptitud a otros jóvenes músicos, porque a menudo es inconsciente y difícil de verbalizar o transmitir. Los estudiantes de música se ven perdidos en ese intento de aprendizaje o imitación, particularmente cuando tratan de conseguir las emociones que sus modelos demuestran. Investigaciones recientes parecen sugerir que la adquisición de conocimientos comparte sustratos neuronales con el sexo o la búsqueda de comida; en todas ellas existe una sensación de placer. En un interesante experimento, Levitin y sus colaboradores encontraron que la Naltrexona, un fármaco usado para tratar adicciones como las de los derivados de la morfina, inhibía también los opiáceos endógenos (endorfinas, por ejemplo) y, con ellos, el placer musical. Esta fue la primera prueba fehaciente de que el placer musical estaría relacionado con estos opiáceos

Figura 9: Alfred Hitchcock y Bernard Herrmann. En los primeros esbozos de la famosa escena del asesinato en la ducha de la película *Psicosis*, Alfred Hitchcock no con-
templaba acompañamiento musical alguno. Sin embargo, el compositor habitual de sus
películas, Bernard Herrmann, insistió en incorporar la música de un conjunto orquestal
de cuerda. La conjunción de música e imágenes produjo el pánico en los espectadores,
lo que ayudó decisivamente a convertir la película en un icono del cine de terror. Como
curiosidad, Hitchcock aumentó el salario acordado con Herrmann, en agradecimiento.

internos, que nuestro cuerpo genera para crear sensaciones de
bienestar. La enseñanza musical, por tanto, debe buscar no solo
la técnica sino la transmisión de emociones.

Las emociones son muchas veces confundidas por los oyentes, y no tienen mucho que ver con lo que los compositores imaginaron en un principio. Un ejemplo de ello es el aria operística «Una furtiva lacrima», que para muchos oyentes es un fragmento triste de la ópera *L'elisir d'amore*, de Donizetti. En realidad, en ella el cantante expresa su gozo por haber conocido a su amada. La alegre y famosísima aria «La donna è mobile» del *Rigoletto* de Verdi —que los gondoleros venecianos cantaban ya al día siguiente de su estreno en la ciudad— levantaría ampollas si se estrenase hoy, por su texto misógino. Otro caso curioso es el de la canción «Every Breath you Take», del grupo The Police.

> Cada aliento que tomes,
> cada movimiento que hagas,
> cada atadura que rompas,
> cada paso que des,
> te estaré vigilando.
> Todos y cada uno de los días,
> cada palabra que digas,
> cada juego que juegues,
> cada noche que te quedes,
> te estaré vigilando.
> ¿No puedes ver
> que tú me perteneces?
> Cómo me duele mi pobre corazón
> con cada paso que das.
> Cada movimiento que hagas,
> y cada promesa que rompas,
> cada sonrisa que finjas,
> en cada parte que reclames,
> te estaré vigilando.

Como puede observarse en este fragmento, la letra, compuesta por el líder del grupo, Sting, tras el divorcio problemático de su primera mujer describe una sensación de angustia, la descripción de un acosador que observa y vigila a una mujer. Sin embargo, muchas personas han creído que se trata de una canción de amor y ha sido interpretada y escuchada con emoción durante bodas y celebraciones, para sorpresa de Sting, que ironizaba malévolamente sobre ese uso.

En algunos casos, la tensión es creada de forma genial por compositores que alteran las propias reglas musicales con el fin de infundir una sensación extraña en el oyente que no es un experto musical. Se trata, por ejemplo, del archifamoso acorde inicial de la ópera *Tristan e Isolda* de Wagner, que ya había sido usado antes por Beethoven o Chopin. No obstante, como decía el filósofo alemán Theodor Adorno, cada acorde tiene un sentido diferente en tiempos distintos. Con él, Wagner desarrolla una tensión, incluso para el oyente no avezado, que no se acaba

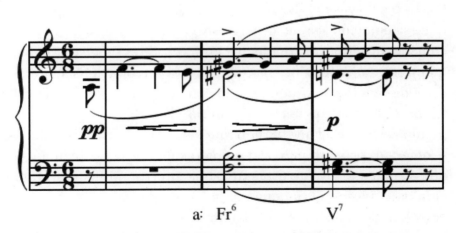

Figura 10: Inicio de la ópera *Tristan e Isolda*, de Richard Wagner, con su famoso acorde de cuatro notas inicial.

resolviendo hasta el final de la ópera (si alguien se duerme durante las cinco horas de duración de la ópera, se lo pierde). Wagner,
de hecho, introduce con estas cuatro notas, y los cambios armónicos y silencios posteriores, continuados durante la obra, una
nueva dirección en la música que causó admiración y estupor en
numerosos músicos de su tiempo.

También en el baile se pueden expresar emociones de forma
similar a la que provoca la interpretación con instrumentos o vocal. Fred Astaire, el mejor bailarín de musicales del siglo xx, era
también un extraordinario músico. Gran cantante —sin una gran
voz, pero adorado por compositores como Gershwin o Cole Por-
ter— y magnífico pianista, su baile era un insuperable compendio
de ritmo, sincronización y emociones. El pianista clásico Franz
Liszt, en el siglo xix, o Nijinsky, el mejor bailarín clásico del siglo
xx, o más tarde su sucesor ruso, Nureyev, causaban desmayos en
sus audiencias, lo mismo que muchos cantantes pop actuales. En
otras ocasiones es el intérprete el que realmente siente una emoción profunda, que transmite inmediatamente al público, en el
teatro o a través del disco. El mayor riesgo para el intérprete es
que esa emoción sea incluso excesiva para él mismo, y no pueda
concluir su actuación, por lo que los intérpretes saben que deben
mantener sus emociones bajo un control cerebral consciente, so
pena de tener que suspender una actuación. Un ejemplo de ello
fue protagonizado por el tenor canario Alfredo Kraus, prodigio de
dominio técnico, al que se tildó muchas veces de frío y «cerebral»
—no era lo primero pero sí, en grado superlativo, lo segundo—,
que en un concierto en Chile tuvo que interrumpir la interpretación de la pieza «El día que me quieras», de Gardel, roto por la
emoción. Si Kraus hubiese relatado el recuerdo o la imagen que
le produjo tal emoción, podríamos describir, con cierto detalle, el
proceso cerebral que se produjo a continuación.

PSICOLOGÍA, FISIOLOGÍA Y MÚSICA: EDIPO NO TENÍA OÍDO

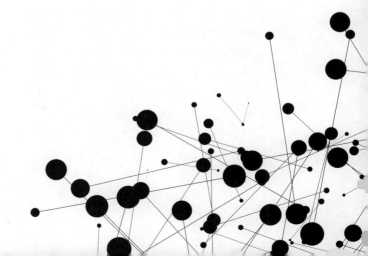

El estudio científico de los procesos de percepción cerebral de la música tuvo como uno de sus primeros precursores a Hermann von Helmhotlz (1821-1894), famoso científico y médico alemán que enlazó el estudio físico del sonido con el de la anatomía y la fisiología del oído. En este contexto, Helmhotlz describió tres niveles de percepción musical: a) el de las propiedades físicas (acústicas) del sonido; b) el de los procesos fisiológicos que se producen en el oído como sensaciones; y c) el de las imágenes mentales que se producen y perciben en el cerebro.

Esta idea de creación de imágenes mentales fue central para los defensores de la Gestalt, corriente psicológica que surgió en la Viena de comienzos del siglo xx. Sus fundadores proponían que nuestra mente identifica sobre todo conjuntos, características generales, más que individuales, y consideran que el todo tiene más poder simbólico que la simple adición de las partes. Por ejemplo, asociamos objetos que comparten cierto color, o longitud, o forma, y cuando vemos un objeto lo hacemos como un todo, no como la adición de sus partes. En el aspecto musical, la Gestalt cobró una gran importancia, y sus defensores investigaban las causas por las que las personas podían identificar melodías de una forma global, aunque se modificasen algunas de sus características significativas o incluso se variase alguna nota, la melodía o su tonalidad.

También a comienzos del siglo xx, el médico ruso Iván Pávlov (1849-1936) llevaba a cabo los exitosos experimentos con los que

¿Plagio o problema de percepción?

Un posible ejemplo de reconocimiento de formas musicales sería aplicable en el análisis de la introducción de la famosa canción «Stairway to Heaven», del grupo de rock Led Zeppelin. Sus creadores, los mismos miembros de la banda, afrontaron una multimillonaria demanda por plagio de los herederos de Randy California, guitarrista del grupo Spirit, que había compuesto una introducción muy similar para su canción «Taurus». Sin embargo, aunque en diversas encuestas casi todos los participantes no músicos pensaban que ambos fragmentos son muy similares y podría haber plagio, este no fue aceptado legalmente –con razón– porque ambas se basan en progresiones musicales clásicas y muy comunes. Además, pueden apreciarse diferencias intrínsecas sustanciales entre las dos canciones, que son evidentes solo para un músico avezado. Pese a ello, la percepción cerebral del conjunto del fragmento, para buena parte de los oyentes no músicos, era muy similar.

Figura 11: Percepción cerebral de la música. Portadas del disco *Spirit*, del grupo del mismo nombre, donde aparecía la canción «Taurus», y del disco *Led Zeppelin TV*, que incluía la canción «Stairway to Heaven», cuyos compositores fueron acusados de plagio por los herederos de Spirit.

defendió la tesis de que era posible provocar reflejos condicionados en perros. Pávlov hacía sonar un metrónomo musical (una campana en el falso mito popular), y administraba a continuación comida a los canes. Con el tiempo, estos comenzaban a salivar ante los diversos sonidos rítmicos del metrónomo: habían asociado ese sonido con la llegada de comida. Aunque los estudios de Pávlov han sido fuertemente cuestionados, por ejemplo, por el Nobel de Medicina Konrad Lorenz (1903-1989), y casi siempre malinterpretados, debido a una primera traducción errónea del original, han dado lugar a la relevante escuela psicológica moderna llamada «conductismo». Los seguidores de esta corriente han aplicado al estudio del comportamiento humano las nociones de estímulo y respuesta, así como de condicionamiento positivo y negativo, al proporcionar recompensas o castigos, respectivamente, ante ciertos comportamientos. Hoy sabemos que estas reacciones se originan con la liberación de neurotransmisores diferentes (dopamina en las positivas y serotonina en las negativas), lo que puede aplicarse al estudio de las reacciones emocionales, como en el caso de investigaciones neurocientíficas relacionadas con la música. Una de las conclusiones de estos estudios es que la noción de recompensa se identifica con el placer, por lo que la respuesta de las neuronas dopaminérgicas podría ser la base fisiológica del placer que un espectador siente al escuchar una obra musical. Las técnicas conductistas han sido abundantemente empleadas por los investigadores que estudian el impacto de la música en las personas.

En ese mismo periodo de finales del siglo XIX y comienzos del XX, surgió la figura más popular de la historia de la psicología, el médico austriaco Sigmund Freud (1856-1939), uno de los científicos más admirados y vapuleados, a partes iguales, de la historia. Su primer crítico fue el filósofo Ludwig Wittgenstein (1889-1951) y la lista de científicos de prestigio posteriores que han seguido esa misma línea crítica es interminable. No han faltado méritos del propio Freud para generar tal rechazo. El psicoanálisis (ejemplo clásico de pseudociencia en la literatura científica) y la imposibilidad de demostración empírica de las ideas de Freud sobre complejos sexuales inconscientes o sobre la interpretación de los sueños han constituido obstáculos insalvables para muchos científicos; sin embargo, las investigaciones realizadas en el siglo XXI sobre mecanismos cerebrales inconscientes y automáticos han puesto otra vez de actualidad algunas de las ideas premonitorias de Freud. El premio Nobel Eric Kandel (nacido en 1929), uno de los más eminentes científicos de nuestro tiempo, analiza esa renovada visión de Freud de forma magistral en sus libros más recientes, aplicándola a las artes visuales. Kandel recupera la original propuesta del padre del psicoanálisis sobre la existencia de un inconsciente que no es reprimido y que constituye, de hecho, una parte de la vida mental (incluso mucho mayor de lo que Freud pensaba), al no estar ocupada en impulsos instintivos ni conflictos psicológicos ocultos. Estos mecanismos inconscientes son fundamentales en numerosas tareas rutinarias, hábitos y habilidades perceptivas y motoras, que requieren memoria implícita. Aunque no está sujeto al tipo de represiones y complejos sexuales a los que se refería Freud en el psicoanálisis, el inconsciente implícito no es accesible a la conciencia, lo que constituye un aspecto clave en cuestiones musicales como la composición o el aprendizaje, como veremos más adelante.

Si estas corrientes —Gestalt, conductismo, psicoanálisis— fueron las tres escuelas predominantes en la psicología de la primera mitad del siglo XX, en 1956 se abrió un nuevo camino, el del cognitivismo, es decir, el estudio de los procesos mentales implicados en el conocimiento, una corriente fruto de la compa-

Figura 12: El papel del cerebro inconsciente. Sigmund Freud sugería que parte de nuestros procesos mentales se realiza sin que seamos conscientes, aunque centrar nuestra atención en ellos nos permite percibir palabras, imágenes o emociones. Asimismo, Freud fue pionero en sugerir la influencia emocional en la toma de decisiones humana.

ración entre el cerebro y el ordenador. George Miller, precursor de la ciencia cognitiva y fundador de un importante laboratorio de investigación en la Universidad de Harvard, propuso que nuestra memoria de trabajo, aquella que manejamos a corto plazo, tiene una capacidad máxima de 7 ± 2 ítems o elementos (el «número mágico 7 ± 2», como se conoce en psicología), aunque se puede ampliar con entrenamiento. Es decir, nuestro cerebro puede manejar un número máximo que varía entre cinco y nueve ítems o *chunks* (conjuntos de ítems que podemos integrar; por ejemplo, nuestro número de teléfono no equivaldría a nueve ítems, sino a un solo *chunk*, ya que lo agrupamos en un solo conjunto y lo recordamos con facilidad). Esta restricción de la memoria cerebral es aplicable también a la música, ya que para poder recordar una serie de notas o patrones musicales es necesario enlazarlos con otras notas o conocimientos previos. Si no, nuestra memoria a corto plazo solo podría manejar un número reducido de ítems.

El desarrollo de la ciencia cognitiva se inició en paralelo con el de la inteligencia artificial (ambas surgen en 1956) y, a partir de ese momento, el ordenador toma un papel esencial, gracias al estudio de modelos computacionales del cerebro humano, también en relación con la música. La consideración de esta desde el punto de vista de la psicología cognitiva —es decir, del procesamiento cerebral de la información, siguiendo modelos que pueden ser representados en un ordenador— ha variado según los autores. Unos consideran que el compositor de una melodía usa una memoria de hechos, sucesos y sonidos, que están distribuidos en múltiples áreas corticales especializadas en la percepción o tratamiento de la información. Otros investigadores, en cambio, piensan que la creación musical es un proceso lógico, deductivo, que se basa en una serie de reglas que se siguen de acuerdo con la aparición de una melodía o sonidos. Para otros, la creación musical es un proceso más inductivo, en el que el compositor conoce una amplia serie de ejemplos y crea o extrae reglas generales de todos ellos. Todas estas consideraciones del proceso creativo son las que han permitido las posteriores investigaciones para desarrollar sistemas inteligentes en la composición musical, como veremos más adelante.

En uno de los libros clásicos más citados sobre psicología y música, escrito en el año 1939, el músico inglés sir Percy Buck (1871-1947) presenta una visión clásica de la relación entre aspectos musicales psicológicos y cognitivos. Buck pone el énfasis en temas como acción/reacción, memoria, atención, placer, hábitos, sentimientos o dolor asociados con la escucha o interpretación musical, desde un punto de vista muy subjetivo. En esa obra, el autor destaca asimismo el desconocimiento casi absoluto que muchos músicos tenían —y aún tienen— sobre su propio cuerpo y sobre cuestiones fisiológicas. En esa línea, la cantante de ópera Marilyn Horne afirmaba que el 90% de sus colegas cantantes no sabían respirar adecuadamente, lo que tenía una influencia determinante en la brevedad de muchas carreras profesionales. Plácido Domingo me contestó, hace ya muchos años, en un foro público, que para él la cuestión técnica más relevante y fundamental para un cantante de ópera es la respiración y el apoyo sólido y continuado de la voz en el diafragma. En definitiva, para tener una buena voz hay que conocer bien cómo funciona la respiración. Y, no solo eso, sino que manejar una respiración adecuada no es solo fundamental para un trompetista o un cantante, lo que es obvio, sino también para cualquier instrumentista, incluso indirectamente. Arthur Rubinstein cuenta en sus memorias el *affaire* amoroso que disfrutó —o padeció, según relataba tiempo después— con la célebre mezzosoprano Gabriella Besanzoni, cuya fogosidad, émula de la de su personaje más célebre, la Carmen de Bizet, lo dejaba para el arrastre un día tras otro; pero lo que le enseñó la Besanzoni y que le hizo llegar a su sonido único y su forma *cantabile* de tocar el piano (hacer que el piano «cante» y transmita la línea musical que nos recuerde la voz humana) fue su respiración. Rubinstein se fijó muy atentamente en el control respiratorio —regido desde el cerebro— de la cantante, que él imitó en su técnica, lo que fue determinante para su forma tan personal de tocar.

Una respiración correcta puede aprenderse y automatizarse de forma inconsciente con la práctica —nadie suele pensar cuando respira, salvo en ocasiones puntuales—, pero exige primero un control cerebral consciente y una extensa práctica. Pese a esa importancia es común que en las universidades estadounidenses o en los conservatorios europeos los estudiantes de canto o música acaben sus estudios sin conocimientos suficientes sobre lo que es la respiración y su importancia.

En los últimos años han aparecido numerosas teorías psicológicas diferentes, todas ellas con sus pros y contras. Por ejemplo, el psicólogo de Harvard Howard Gardner ha descrito la existencia de múltiples inteligencias, cada una con sus propias reglas, una de las cuales sería la inteligencia musical, que nos permite el procesamiento de los componentes musicales. Esta teoría, que tuvo cierto predicamento décadas atrás, es muy discutida hoy en día. Más de moda, al menos en el pensamiento popular actual, tan mediático, está Daniel Goleman, que ha compilado, bajo el nombre de «inteligencia emocional», las diversas relaciones de la inteligencia y las emociones. Ya eran conocidas estas relaciones antes de sus libros superventas, pero han sido luego fuente de inspiración para un torrente de libros de autoayuda. Todas estas ideas han sido profusamente ligadas a la música, con relativo —o poco— éxito científico.

El *trac* o pánico escénico

Uno de los fenómenos psicológicos más relacionados con la música, y en general con las artes escénicas, es el del miedo escénico o *trac*. Se trata de un problema muy habitual en los intérpretes musicales, incluso experimentados. Las causas pueden ser varias: la educación (o más bien su falta); una experiencia previa negativa; temores que surgen en el momento de salir a escena; procesos de ansiedad por otros motivos; un incidente inesperado durante la actuación; un impedimento físico; una enfermedad; aversión a alguien presente, etcétera. Por alguna de estas causas, el intérprete percibe un miedo, previo o simultáneo a la actuación, con el que modifica su fisiología habitual y que puede llevarlo a un estado «hiperconsciente», que se traduce en alteraciones como, por ejemplo, un bloqueo de una zona muscular clave para su trabajo. El intérprete puede percibir que algún músculo no responde adecuadamente (temblor en las manos y en la voz, taquicardia, movimientos torpes al caminar, etcétera); sin embargo, el problema parte del cerebro: el sistema límbico es el sustrato cerebral principal responsable en estos incidentes.

Decía Pavarotti que el cantante de ópera serio y profesional que afirme que no siente miedo antes de salir al escenario miente. Muchos famosos intérpretes lo han sufrido y, en numerosos casos, les ha impedido desarrollar las carreras que merecían por su talento: la pianista francesa Yvonne Lefébure lo sentía cada día de actuación y eso la llevó a dedicar más tiempo a la enseñanza; el pianista Vladimir Horowitz sufrió una depresión que le impidió tocar ante el público durante más de diez años. En general, es aceptado en psicología que la evitación de un problema en un determinado momento crítico suele aliviar al sujeto —por ejemplo, suspender una actuación—, pero lo agrava con vistas al futuro. En algunos casos, ese «miedo al pánico» se hace crónico y el sujeto lo puede sentir en ocasiones como insuperable, por lo que se convierte, de hecho, en un automatismo cada vez más difícil de corregir.

El trac suele ser típico en intérpretes novatos, en los que los mecanismos conscientes son demasiado dominantes, lo que impide que los mecanismos cerebrales y neuromusculares automáticos —todavía no asentados— actúen adecuadamente. En muchos casos, el músico sin experiencia debe salir al escenario o

Figura 13: Rosa Ponselle, Enrico Caruso, las emociones y el pánico escénico. Esta soprano, colega habitual del mítico tenor napolitano Enrico Caruso, solía vomitar antes de cada representación, presa de los nervios —pese a tener una técnica y presencia física extraordinarias—, y prefirió abandonar los escenarios a los cuarenta años de edad. Como ejemplo anecdótico opuesto, las malas lenguas —casi siempre de otros cantantes— decían que la entrega y éxitos apoteósicos de Caruso en la ópera *I Pagliacci* se debían a su compenetración emocional con el papel del protagonista, pues Caruso sabía que su mujer lo engañaba, en la vida real, con su propio chófer, con el que poco más tarde se fugó. El tenor lo admitía en alguna carta sollozante, conocida años después, escrita a su mujer. ¡La legendaria entrega del tenor en las dos arias principales, en las que el protagonista de la ópera expresa dramáticamente su desesperación por el engaño de su mujer, no era fingida!

al estudio de grabación sin estar técnica ni psicológicamente preparado para ello, de aquí que en los conservatorios y academias se propicie que los jóvenes empiecen muy pronto a actuar en el escenario y, así, perder el miedo al público, lo que suele ser beneficioso. No obstante, en algunos casos puede ser contraproducente, si el alumno no está preparado; entonces, el entrenamiento consigue lo contrario: repetir experiencias negativas, que pueden automatizarse también.

Fisiología

Aparte de las cuestiones puramente cerebrales que hemos analizado, existen otros aspectos fisiológicos de interés. Por ejemplo, la voz humana es el más extraordinario instrumento que conocemos.

Para emitir los sonidos, es necesario que participen varios órganos y partes del cuerpo: los músculos respiratorios del tórax, el diafragma, los pulmones que atrapan el aire y las partes de la faringe y laringe, donde las cuerdas vocales producen el sonido al pasar el aire a través de ellas. La tensión y la posición de las cuerdas vocales están bajo el control de músculos y articulaciones que las modifican, dirigidas por nervios concretos —sobre todo el nervio laríngeo inferior, llamado «recurrente»—, y que pueden ser alteradas por mecanismos conscientes, corticales, mientras que su funcionamiento habitual, inconsciente, es automático y regido por estructuras cerebrales subcorticales.

El timbre de la voz depende de las cuerdas vocales y, particularmente, de las cavidades de resonancia, dentro y alrededor de la laringe, así como craneales, que lo modifican. Existe una creencia, muy extendida, que sugiere que los cantantes aumentan el volumen de la voz gracias al uso intencionado, cerebral, de los senos craneales, alrededor de nariz y ojos, en su emisión. No es así, ya que el volumen depende sobre todo de la capacidad torácica y del aire que pueda emitirse de forma coordinada con la emisión de la voz y, particularmente, del espacio que el cantante pueda abrir en la zona laríngea y faríngea. Ese movimiento de descenso de la laringe y elevación del velo del paladar puede ser controlado de forma consciente por la corteza cerebral y, combinado con sutiles movimientos de todo el tracto vocal, ha sido la base de las diferentes técnicas de canto. Para que todas las vocales suenen igual en un cantante de ópera, los cambios en el tracto vocal tienen que ser sustanciales, aunque se debe evitar que el oyente note esos cambios técnicos. Los grandes cantantes de ópera emiten su voz como si fuese completamente natural, libre de artificios, cuando esa construcción es un trabajo, elaborado lentamente, de coordinación neuromuscular, cuyo dominio total puede requerir al menos diez años. Al final, el cantante que tiene éxito es el que consigue automatizar esos procesos neurales adecuados. Cuando los aficionados se preguntan por qué han desaparecido las grandes voces en la ópera, lo que habría que contestar es que lo que ha desaparecido es el conocimiento de la técnica que las hacía posibles. Los mejores alumnos de maestros clásicos de canto, como el Dr. Gillis Bratt, Ernst Grenzebach o Arturo Melocchi tuvieron algunas de las voces más grandes y poderosas de la ópera del siglo xx. No era casualidad, y ahí está la respuesta a esa pregunta que muchos profesionales y aficionados se hacen.

En lo relativo a la destreza motora, los mecanismos neuromusculares necesarios para un instrumentista o cantante deben aprenderse, idealmente, ya en la infancia y la juventud, pues el control cerebral necesario para ello puede practicarse y automatizarse mucho más fácilmente en edades tempranas. Un instrumentista clásico que empiece a tocar a los veinte años, e incluso en años previos, nunca podrá ser un gran virtuoso, debido a que a esa edad su cerebro y procesos neuromusculares ya no pueden desarrollarse ni adaptarse a las necesidades de un músico profesional de alto nivel. Según algunos tratados clásicos del siglo xix, para el gran tenor Franco Corelli, controlar cerebralmente los movimientos necesarios de la laringe en las notas musicales de paso desde la zona grave y media a la zona aguda de la voz requiere años de paciente práctica dirigida por un buen maestro. No obstante, aunque aseguraba que este proceso no podía aprenderse después de los cincuenta años de edad —por la falta de plasticidad en el cerebro y el tracto vocal, menor que en la juventud—, esto en realidad no es así, y lo sé por propia experiencia. Es posible lograrlo incluso a edades más avanzadas —aunque demasiado tarde para un nivel profesional—, con las precauciones necesarias, lo que es una muestra más de la capacidad de adaptación del sistema nervioso y motor de nuestro cuerpo.

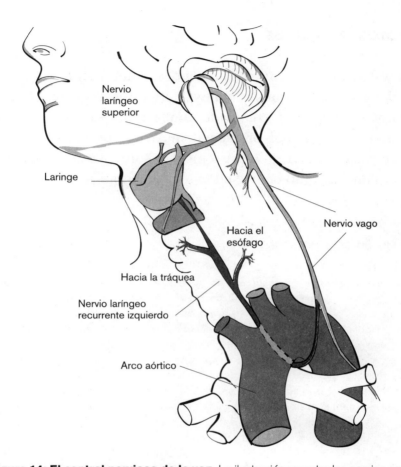

Nervio
laríngeo
superior

Laringe

Hacia el
esófago

Nervio vago

Hacia la tráquea

Nervio laríngeo
recurrente izquierdo

Arco aórtico

Figura 14: El control nervioso de la voz. La ilustración muestra los nervios en-
cargados localmente del control de la voz, que no se alcanza definitivamente hasta la
edad adulta. El examen del cerebro del neonato mediante RMf muestra que a los pocos
días del nacimiento se establece una sorprendente especialización para la percepción
musical, que incluso permite reconocer cambios de tonalidad y ejemplos de asonancia.
También se aprecian ciertas diferencias entre los hemisferios cerebrales en relación
con el procesamiento de la música y el lenguaje. Estos cambios serán ya sustanciales, en el sistema hormonal y en todo el cuerpo, a partir de los trece años, momento
(del paso de la niñez a la fase adulta) en el que la voz de los niños se modifica por los
cambios producidos en la laringe. No obstante, el cerebro tardará aún varios años en
controlar adecuadamente ese cambio fisiológico paulatino en la laringe y, por tanto, en
la voz, que aún deberá recorrer un largo camino hasta resolverse (más en el caso de los
varones que en las mujeres).

Colores musicales

Casi todos nosotros podemos reconocer sonidos, melodías e intervalos de notas, aunque con muy diferente apreciación. No obstante, existe un trastorno llamado «amusia congénita», o «sordera del tono», que provoca problemas musicales permanentes, que no son causados por un retraso mental, sordera o daño cerebral en la infancia, como ocurre en la amusia adquirida, sino que el

Científicos y música

Einstein es un caso muy socorrido en la literatura científica, entre otras muchas razones, por su singular modo de razonamiento ante un problema, que describió en numerosas ocasiones. Desde muy joven, abordaba las cuestiones científicas que se le planteaban de una forma muy visual. Por ejemplo, imaginaba el espacio, los planetas y la luz viajando en su mente: la imagen de la paradoja de los gemelos, uno que viaja a una velocidad cercana a la de la luz y el otro esperando en la tierra, para los que el tiempo discurre de muy diferente forma, es clásica. Sin embargo, también era una persona muy auditiva, y le encantaba relajarse tocando el violín, solo o con otros músicos. Él mismo resaltó la importancia que la percepción musical tenía en su imaginación, aunque también confesó a sus amigos que poseía un oído musical muy pobre y limitado. En su caso, la genialidad visual no era acompañada de la habilidad musical, pero tocar un instrumento como el violín fue seguramente muy provechoso para él, como persona y como científico, pues le permitía relajarse y, por lo tanto, aumentar su creatividad.

Son abundantes los casos de científicos que han sido músicos aficionados, como el del físico y premio Nobel Richard Feynman, cuya habilidad con los bongos es conocida. El escritor C. P. Snow, que propuso la existencia de dos culturas antagónicas, la científica y la de las artes/humanidades, concedía que la música era una excepción, al ser compartida por ambas comunidades. Algunos investigadores han sugerido varias razones para que haya tantos científicos interesados en la música: 1) esta incluye patrones matemáticos; 2) las dos, ciencia y música, tienen un alto componente de creatividad y experimentación. Santiago Ramón y Cajal proponía que las mentes científicas creativas buscan también la creatividad en las artes.

sujeto que la padece ya ha nacido con ella. Los individuos con amusia congénita no reconocen si un músico toca notas equivocadas o si un cantante desafina, lo que la mayoría de las personas sí pueden hacer con mayor o menor precisión, y tampoco pueden recordar ninguna melodía, aunque lo intenten denodadamente. Las personas con amusia congénita (que no pacientes, pues no se puede considerar como una enfermedad) tienen menos materia blanca (lo que se ha confirmado mediante estudios de RMf) y

Una encuesta realizada en 1982 encontró que la proporción de premios Nobel que eran también músicos era el doble que en el número total de científicos. 3) Ambas requieren gran concentración y esfuerzo, pero la música puede ayudar a relajar la mente —como en el caso de Einstein— y ayudar al científico en su trabajo creativo; y 4) los niños que crecen en familias con inquietudes científicas suelen acudir más frecuentemente a clases de música. De igual forma, un alto número de compositores y músicos poseían conocimientos de ingeniería o matemáticas, o incluso un título universitario. Por ejemplo, entre los más conocidos, encontramos a los compositores rusos Borodin o Músorgski, o al compositor inglés Elgar, que tenía varias patentes registradas, y el francés Saint-Säens, un avezado astrónomo. En la Universidad Politécnica de Madrid, donde trabaja quien esto escribe, el ingeniero Pedro Villaroig, profesor de la Escuela Técnica Superior de Ingenieros de Minas, es un

Figura 15: Einstein tocando el violín en un concierto benéfico en una sinagoga (1930).

destacado compositor, con numerosas obras estrenadas, también internacionalmente, entre las que destacan diversas sinfonías y conciertos.

una corteza cerebral (sustancia gris) más gruesa que individuos con respuesta musical «normal» en las áreas cerebrales frontales inferiores derechas. Esto podría indicar un desarrollo neural anormal durante el crecimiento, que se manifiesta en la corteza auditiva y la circunvolución frontal inferior, zonas relevantes en el cerebro para el procesamiento del tono musical. Las investigaciones realizadas con sujetos con amusia indican que hay varios procesos cerebrales involucrados en la tonalidad —musical y del habla—, que funcionan de manera anómala en estos individuos.

Otra característica fisiológica que aparece en un número considerable de personas es la llamada «sinestesia», palabra que no solo se refiere a la figura literaria, sino que corresponde a una condición en la cual la estimulación de una modalidad sensorial causa experiencias inusuales en una segunda modalidad, no estimulada; así, por ejemplo, los sonidos producen la percepción de colores, o viceversa. *Sinestesia* es, según el *DRAE*, «la unión de dos imágenes o sensaciones procedentes de diferentes dominios sensoriales». Como, por ejemplo, en literatura, «velocidades negras», «silencio carmesí» o «miedo purpúreo» (la primera de ellas extraída de las *Crónicas marcianas* de Ray Bradbury). Las sinestesias aparecen en personas que nacen con dos o más de sus sentidos acoplados. Uno de los tipos más comunes de sinestesia es la que se produce en sujetos que ven los días de la semana o los meses del año con un color específico, algo que perciben como normal, y también colores en respuesta a palabras habladas. La sinestesia es fácilmente identificable mediante un estudio con RMf, con el que se comprueba que las áreas cerebrales relacionadas con los colores aparecen destacadas al mostrarles a los sujetos sinestésicos los días de la semana o determinadas palabras habladas, por seguir con el ejemplo anterior. Pero, de hecho, es fácil comprobar su existencia, en una parte de la población, con una simple entrevista y preguntas específicas. Sabemos que de cada treinta personas, aproximadamente, una tiene algún tipo de sinestesia. En un porcentaje más pequeño, otro grupo de individuos puede ver símbolos concretos asociados a colores, como, por ejemplo, el escritor Vladimir Nabokov. En el caso de la música, los sujetos con sinestesia ven las notas musicales asociadas a colores, e incluso puede ser común en ciegos, que verían colores en su mente, asociados a notas concretas. Así, una persona que escucha un do puede además verlo en color rojo, por ejemplo, o describir un fa anaranjado. Incluso entre compositores y músicos conocidos ha habido casos notables, como Franz Liszt, Rimski-Kórsakov, Itzhak Perlman, Scriabin o Stevie Wonder. La pianista Marian McPartland afirmaba que hasta una edad avanzada nunca había oído hablar de sinestesia, pero que estaba absolutamente segura de que las notas tenían colores.

Recientes investigaciones han revisado los fundamentos neurológicos de la sinestesia. Los sujetos con esta capacidad no suelen contar sus experiencias a un médico porque para ellos es algo normal con lo que han convivido desde su infancia. Siendo niño, el músico Olivier Messiaen visitó una iglesia y se sintió abrumado por los colores de las vidrieras, ya que los percibía también como notas musicales. Su forma de componer intentaba transmitir el color de los sonidos, con combinaciones que pudiesen destacarlos.

APRENDIZAJE
MUSICAL Y CREACIÓN

Las conexiones neuronales son las que determinan el aprendizaje —musical, por ejemplo— y la creatividad, y van mejorando y aumentando con la práctica y el estudio, como veremos a lo largo de este capítulo.

Efectos

La educación musical produce cambios objetivos en el cerebro, lo que es posible comprobar mediante análisis con técnicas neurocientíficas. Comentábamos antes las diferencias cerebrales entre músicos y no músicos, lo que se nota ya en el desarrollo de los niños: el curso normal de este parece causar una mayor especialización hemisférica. Los niños muestran menos lateralización de las operaciones musicales que la que muestran los adultos, independientemente de que sean músicos o no.

Como es intuitivamente predecible, los niños que reciben lecciones de música muestran, en estudios experimentales, mayores capacidades musicales que los pequeños que no las han tomado. Los niños entre siete y trece años de años de edad desarrollan mejores habilidades en el aprendizaje de un instrumento, como, por ejemplo, al reproducir una melodía, o la identificación de notas e intervalos y ritmos concretos. Numerosas investigaciones recientes confirman que la educación mejora la percepción y las capacidades musicales, y no solo eso, sino que las diferencias neuroanatómicas que se producen en el cerebro gracias la educación musical son evidentes también durante la infancia. Estudios realizados con RMf, comparando imágenes de cerebros de dos grupos de niños, uno que se disponía a realizar estudios musicales y otro que no, no mostraban diferencias apreciables, que sí se constataban años después entre estos dos mismos grupos. Así pues, los niños con formación en música (piano, un instrumento de cuerda, composición o danza) tenderán a un desarrollo de las áreas cerebrales que corresponden a su aprendizaje, es decir, su cerebro se modificará con el trabajo musical, lo que se concreta en un aumento del volumen de las áreas cerebrales relacionadas, tanto en zonas auditivas como de procesamiento y motoras.

Una región cerebral que diferencia a los expertos músicos de los novatos es el planum temporale, el el área de la corteza inmediatamente posterior a la auditiva que forma parte de la llamada «área de Wernicke». La representación funcional de los dedos de la mano en esa zona es más definida en instrumentistas de cuerda, lo que se observa en pruebas de magnetoencefalografía. El investigador alemán Thomas Ebert ha analizado imágenes cerebrales de instrumentistas de cuerda y ha encontrado que no existen diferencias en las áreas corticales encargadas del control de los dedos de la mano derecha entre músicos y no músicos; sin embargo, al examinar las áreas corticales cerebrales encargadas de la mano izquierda encontró que eran cinco veces mayores en estos músicos que en no músicos. Es más, los músicos que habían comenzado a tocar antes de los trece años tenían representaciones corticales mayores que los músicos que habían empezado después de esta edad. Los grandes músicos de la historia no solo contaban con una buena genética y habían trabajado durante largos periodos, sino que también habían comenzado a estudiar música a edades tempranas. El neurocientífico e ingeniero alemán Christian Gaser y sus colaboradores hallaron que los músicos tenían más desarrolladas sus capacidades cognitivas y motoras —con diferencias entre pianistas y otros instrumentistas, incluso—, lo que incluye variaciones positivas apreciables en test de inteligencia (aunque estos resultados deben considerarse con prudencia ya que no han sido confirmados). La selección de los sujetos estudiados es un tema clave en cualquier investigación de este tipo y el diseño debe ser cuidadoso, con el fin de evitar posibles sesgos.

El sistema de las llamadas «neuronas espejo» desempeña también un papel importante en los modelos neuronales de integración sensorial-motora, que son clave en aspectos musicales como los de imitación de otros músicos. Molnar-Szakacs, investigador de la Universidad de California en Los Ángeles, ha revisado trabajos recientes sobre neuroimagen y música, y ha propuesto que existe un acoplamiento íntimo entre la percepción y la producción de información secuencial organizada jerárquicamente. Esta estructura tiene la capacidad de comunicar significado y emoción, lo que podría estar mediado por el sistema de las neuronas espejo.

Existen múltiples programas educativos musicales para la formación de niños a partir de los cuatro o cinco años, que, aunque no suelen generar grandes virtuosos de un instrumento, sí mejoran la formación musical y tienen un efecto positivo en diversos aspectos musicales. Pese a la dura vida —difícil de envidiar— que tuvo, en tantos aspectos, Mozart (al igual que Einstein), su figura ha inspirado a muchos padres a seguir numerosos métodos milagrosos para que sus criaturas se conviertan en émulos del músico de Salzburgo. Por apenas unos cientos o miles de euros, mágicos programas y series de libros prometen que el cerebro —del que solo usamos el 5 o el 10% según algunos visionarios ocurrentes, lo que podría ser cierto en su caso— de estos niños, una vez mayores, será capaz de conseguir similares proezas a las de sus modelos. Basta visitar una librería para comprobar su éxito y sería suficiente seguir sus resultados para dar fe de su fracaso. De igual modo, hace varios años la cultura popular estuvo alborotada con el «efecto Mozart», la hipótesis que proponía que con simplemente escuchar música de este compositor durante varios minutos al día se aumentaría el cociente intelectual de un niño de manera permanente. Si bien la investigación musical posterior ha refutado categóricamente que exista tal efecto, varios estudios indican que escuchar música tiene importantes beneficios en la formación del niño, también fisiológicos. Por ejemplo, puesto que la música tiene un efecto relajante, mejora problemas de insomnio (veremos otros ejemplos en el apartado de musicoterapia). Para ello es imprescindible la comunicación del cerebelo y el tallo cerebral con el córtex motor del lóbulo parietal y del lóbulo frontal, una región encargada de cuestiones como la voluntad, la atención o la planificación.

Cuando uno intenta analizar el secreto de la excepcionalidad de un músico, no resulta difícil describirlo: talento, buenos maestros, trabajo y más trabajo. Hablando con una joven violinista judía, en Estados Unidos, esta me contó que el secreto de que hubiese tantos músicos judíos brillantes —como premios Nobel, por otra parte— era el trabajo constante que los padres enseñaban e imponían a sus hijos, de forma rígida y autoritaria con frecuencia. De la misma forma, se ocupaban de imbuirles un amor por la tradición musical, que se había transmitido durante generaciones. Si bien la genética posiblemente tenga aquí un papel preponderante, este punto no ha sido demostrado.

Las clases magistrales (*masterclass*) de un día, e incluso de unas semanas, tan populares en la actualidad, pueden ser muy provechosas para algunos músicos y divertidas para el público, pero también contraproducentes desde un punto de vista cerebral y psicológico. Veamos qué ocurre por lo general en estas clases magistrales: una estrella musical visita un conservatorio o teatro, y pretende cambiar lo que un alumno ha estado trabajando durante años con sus maestros. En quince minutos, la estrella escucha al alumno, le dice que todo lo que hace está mal —delante del público— y le recomienda severamente que haga lo que le explica. ¡Y la estrella ha triunfado, un argumento de autoridad! Al final, la estrella se hace una foto con el estudiante y regresa a su hotel tan tranquila, pero el estudiante lo que ha conseguido es una foto, vaciar sus bolsillos y quedar en un estado mental de confusión, cercano al coma. No sabe si debe volver con sus maestros de los últimos años o intentar recordar los quince minutos con la estrella, trabajando su método en solitario (recordemos que la percepción propioceptiva, de uno mismo, cantando por ejemplo, es muy distinta de la que escucha un oyente externo). En los días siguientes, el alumno intentará inútilmente probar los dos tipos de enseñanzas: la de sus maestros y la de la estrella musical, lo que le llevará, de nuevo muy probablemente, a la confusión de su cerebro y sus músculos, a la desesperación más tarde y al éxito final, económico, de su psicólogo, fisioterapeuta o médico.

Para acabar esta sección mencionaremos aquí a Frank Sinatra y Carlos Gardel, dos cantantes míticos que muchos aficionados asocian a juergas, alcohol y mujeres espléndidas a su alrededor, dentro y fuera de la pantalla. Grandes profesionales que algunos considerarán sin un talento musical singular. Seguramente será una sorpresa para muchos lectores, incluso aficionados de estos cantantes, conocer que ambos fueron unos obsesos, toda su vida, del estudio de los aspectos

Figura 16: Portada del manual de canto publicado por Frank Sinatra con el tenor John Quinlan en 1941. No se espera uno similar de Justin Bieber por ahora.

técnicos y de control de la voz e incansables trabajadores que buscaban la perfección de sus grabaciones.

En sus inicios, Sinatra comprendió la necesidad de estudiar técnica de canto. Tras conocer a John Quinlan, tenor retirado del Metropolitan Opera House de Nueva York, empezó a trabajar con él e incluso ambos llegaron a publicar un libro sobre técnica de canto. Tras una hemorragia en las cuerdas vocales, que casi le obligó a retirarse a principios de la década de 1950, Sinatra siguió trabajando aún más en mejorar su técnica. En cuanto coincidía en una ciudad con el célebre barítono Robert Merrill, uno de los mejores cantantes de ópera del siglo XX, Sinatra concertaba una cita para recibir una clase de canto.

Gardel, la leyenda del tango, que, además de cantante y actor, fue uno de los mejores compositores de este estilo musical de la historia, también recibió clases de canto, muy joven, del barítono español Emilio Sagi Barba. Además, toda su vida buscó, continuamente, consejos de otros grandes cantantes. Si alguien se pregunta por qué ambos, Sinatra y Gardel, suenan totalmente diferentes del resto de los cantantes populares, ahí está la respuesta: técnica, talento, inteligencia, amor por la música y la vida, así como trabajo musical incansable.

Mecanismos conscientes y automáticos: lo que John Wayne podría enseñarles a Pavarotti y Paganini

La genialidad de algunos pocos hombres y mujeres radica, antes que nada, en ver algo distinto donde todos los demás ven lo mismo. El físico Niels Bohr, premio Nobel, padre de la mecánica cuántica y rival científico —e íntimo amigo, a pesar de ello— de Einstein, observó, en las películas del Oeste americano, a las que era aficionado, un fenómeno repetido una y otra vez: los pistoleros que desenfundaban el arma más tarde en un duelo siempre ganaban. Imagina uno la respuesta de sus conocidos: «Es que el malo siempre saca antes; por eso, porque es malo» o «Si el bueno muere, se acaba la película». No conforme con tales ideas, Bohr propuso una hipótesis audaz: el que desenfunda más tarde tiene mayor ventaja porque su movimiento reflejo es más rápido y preciso que el del que inicia intencionadamente la acción. Esta hipótesis quedó en el limbo largos años, hasta que fue probada, con resultados positivos, décadas después. En un experimento, publicado en la revista de la Royal Society de Londres, con instrumentos de laboratorio —sin Colts 45—, realizado con voluntarios participantes a los que se medían sus tiempos de reacción, un grupo de investigadores comprobó que la hipótesis de Bohr era cierta. Podemos confirmar ahora que John Wayne y Gary Cooper, que nunca dispararon primero en tantos duelos —incluso Wayne se negó cuando el director de cine Don Siegel le pidió que disparase a otro actor por la espalda—, tenían una acertada intuición acerca de la neurofisiología humana.

En la década de 1950, Herbert Simon, premio Nobel de Economía y pionero de la inteligencia artificial, dirigió una investigación para comprender el proceso del *expertise* o conocimiento experto, que los mejores especialistas en un área consiguen adquirir y dominar. Simon analizó los procesos cognitivos de maestros de ajedrez, comparándolos con jugadores novatos. Tras una serie de experimentos y usando técnicas como el análisis de protocolo, concluyó que, en el ajedrez, la clave en la estrategia de los maestros era el rápido reconocimiento de numerosos patrones visuales durante las partidas. Investigaciones posteriores mostraron que los procesos de adquisición de conocimientos y estrategias cognitivas son muy específicos para cada dominio (ajedrez, medicina, física, derecho, música, etcétera). Sin embargo, no todas las adquisiciones de habilidades cognitivas serán útiles en otras áreas: estudiar derecho, por ejemplo, no ayudará a aprender música, o viceversa; pero sí puede haber beneficio mutuo entre, por ejemplo, aprender estrategia militar y jugar al ajedrez. En el caso de los jugadores profesionales, si se cambian las reglas del juego en un experimento, estos sujetos descendían su nivel inmediatamente, aunque pronto aprendían las nuevas reglas y volvían a ser grandes campeones.

El compositor musical Pierre Boulez, junto con un grupo de neurocientíficos, realizó un estudio similar con músicos profesionales. Cambiando las reglas y estructuras musicales clásicas por otras nuevas, los músicos se comportaban como novatos durante un tiempo de adaptación, pero pronto volvían a su condición de grandes músicos: se habían adaptado a las nuevas reglas. La adquisición de conocimientos, tanto factuales como metodológicos que habían realizado durante tantos años les permitía readaptarse con gran rapidez.

Posteriormente, otros investigadores, como Johnson-Laird, profesor de la Universidad de Yale, han propuesto que nuestro aprendizaje de habilidades cognitivas y motoras se produce en tres fases, que podemos denominar de la siguiente manera: 1) interpretada; 2) compilada; y 3) automática. En la primera fase, el estudiante va analizando procesos muy básicos, de forma casi exhaustiva, por lo que el razonamiento acaba siendo lento, ineficiente y tendente a diversos errores, que posteriormente fueron analizados por el también Nobel Daniel Kahneman junto a su colega Amos Tversky. En una segunda fase, estos procesos cognitivos se hacen más rápidos, se agrupan de forma eficiente y se «compilan» (se agrupan; en lenguaje informático, *compilar* hace referencia a traducir un código de programación a código ejecutable por la máquina), pero, en contraposición, tienen un orden y estructura más desorganizados que en la primera fase. Por último, en una tercera fase, estos procesos y estrategias se automatizan, lo que los hace mucho más eficientes, rápidos y precisos, pero ahora ya son en gran parte inconscientes y es prácticamente imposible poder verbalizarlos y describirlos. Durante este periodo, el experto no puede explicar de forma exhaustiva los procesos cognitivos con los que toma una decisión, pues la corteza cerebral (consciente) tiene menor relevancia en ellos.

Hagamos un experimento mental e imaginemos a un niño: a los diez u once meses comienza a andar, ayudado de sus padres, y con continuos tropiezos (fase interpretada); a los dos y tres años camina mucho más rápido, él solo, aunque con ocasionales trompazos (fase compilada); y a los ocho o diez años ya camina sin tener que pensar en ello (fase automática). Imaginemos ahora al niño veinte años después. Es profesor y está impartiendo su clase de las once. Habla a los alumnos mientras camina cuando de repente ocurre un terremoto. El aula entera se derrumba, la tierra traga a sus alumnos —el sueño de algunos profesores— y solo queda una tira de tierra firme, una línea de veinte centímetros de ancho, donde se encuentra él, aterrorizado. Para sobrevivir, debe recorrer la distancia que le separa de la tierra firme. Comienza seguro, pero de repente mira a los lados, duda, se pone nervioso, se desequilibra... y cae al abismo.

Las primeras dos fases eran predominantemente conscientes, controladas en buena parte por la corteza cerebral, más elaboradas pero también más lentas e imprecisas. La tercera debería ser automática y más precisa, pero el terremoto la ha hecho consciente y al final el hombre cae. Piensen en ustedes mismos («¿por qué tuve mi mejor idea después de la reunión?», «¿por qué recordé la respuesta del examen al salir del aula?», «¿por qué encontré la solución en la ducha?»), o en los que fueron sus jugadores favoritos de fútbol, baloncesto o tenis, al menos hasta que empezaron a temblar bajo la portería o a romper las raquetas contra el suelo, y comprenderán, junto con Bohr, este aspecto de la neurofisiología humana. La corteza cerebral es la base de los mecanismos conscientes y donde realizamos parte de nuestros razonamientos. Las zonas subcorticales del encéfalo (cerebelo, ganglios basales) son principalmente responsables de mecanismos, procesos y movimientos automáticos e inconscientes, más precisos y rápidos. El problema es que, una vez en esta fase automática, estos procesos no son conscientes para el propio cerebro que los ha creado, y, por lo tanto, es difícil verbalizarlos y transmitirlos a otros, como hemos comentado anteriormente.

Esta es una razón cognitiva de peso por la que muchos grandes abogados, médicos, pianistas o cantantes pueden ser —y no es nada extraño, al contrario— negados profesores. Franz Liszt, creador de una escuela pianística, fue una excepción; el famoso físico Kepler era, aparte del mejor físico alemán de su siglo, un somnífero infalible para sus alumnos; y repasando la historia de la ópera, podemos comprobar que pocos —o muy pocos, más bien— grandes cantantes han sido grandes maestros.

El mismo proceso antes descrito al adquirir conocimiento y la misma argumentación es válida para los procesos cognitivos y motores. Los músicos (guitarrista, cantante, pianista, etcétera) pasan por esas mismas fases, con diversas variaciones. Como regla general, un experto necesita diez años para llegar a serlo y dominar con solvencia un vocabulario muy amplio, que en algunos campos es superior a 100 000 términos. Luciano Pavarotti, el gran tenor, comentaba, en una conferencia magistral, que dominar el *passaggio* ('pasaje', es decir, las notas de paso entre la zona media de la voz y los agudos, que requiere un complejo movimiento del tracto vocal y un preciso control cerebral, automático, y que suele ser la tumba de la mayoría de los cantantes de ópera por su dificultad técnica) era fácil para él... ¡después de veinte años!

Existen múltiples estudios que confirman que el tiempo de práctica y estudio es fundamental para el aprendizaje y desarrollo neuromuscular de los músicos. Niccolò Paganini, el gran violinista, trabajó, desde los cinco años, sin descanso durante horas y horas. En algunos conservatorios en los que se han realizado estudios sobre este tema se ha comprobado que los mejores aprendices, tras terminar sus estudios, eran casi siempre los que más tiempo habían practicado. Las autobiografías de muchos grandes músicos nos muestran cómo tardaron ocho o diez años de intenso trabajo para poder llegar a dominar su instrumento de una forma segura y artística, lo que vuelve a confirmar la necesidad de invertir ingentes cantidades de tiempo para adquirir una habilidad a nivel de experto. ¡Incluso los genios suelen ser los que más trabajan! Como explicaba, citando principios de la filosofía china, el gran director de orquesta Herbert von Karajan sobre su colega Karl Böhm, este había alcanzado el mayor grado de maestría tras un duro trabajo de muchos años, con lo que consiguió ejecutar su labor musical de una manera natural, como si no tuviese que hacer ningún esfuerzo. Esto mismo —el logro de esos automatismos antes mencionados, perfeccionados al máximo— es válido para cualquier faceta de trabajo del ser humano.

Atletas músicos

La primera vez que supe de la importancia de los automatismos en nuestro cerebro fue hace muchos años... ¡Escuchando a un célebre director de cine! Howard Hawks contaba, en una antigua entrevista, que prefería no pensar demasiado dónde debía colocar la cámara para filmar una escena; por intuición decidía un lugar y allí la situaba. También contaba una historia intrigante sobre tenis y automatismos. Un amigo suyo, campeón de tenis, tenía un saque único. Por ello, se decidió a escribir un libro sobre la técnica del saque, lo que le hizo pensar en detalle sobre cómo era ese proceso mental y motor. Una vez escrito el libro, magnífico, ya nunca más pudo sacar como antes: el mecanismo inconsciente se había hecho consciente, y con ello se había acabado su seguridad y precisión. ¡Qué ejemplo tan extraordinario de procesos cerebrales conscientes e inconscientes/automáticos!

El estudio de los automatismos cerebrales en animales y seres humanos se desarrolló ya en el siglo XIX por investigadores como el biólogo inglés Thomas Herry Huxley (1825-1895), siguiendo ideas previas de Descartes, que ya había considerado, siglos atrás, a los animales y al hombre como autómatas. Maestros y estudiosos del canto lírico mencionan en sus manuales de canto, ya en la década de 1880, la importancia de los mecanismos automáticos en la ejecución musical de los intérpretes de ópera. Estos maestros enseñaban cómo, cuando un músico ejecuta conscientemente una partitura dejando de lado sus mecanismos automáticos, está en grave riesgo de cometer errores.

Dominar un instrumento, necesario para que un músico pueda abordar con éxito obras difíciles, marca la diferencia entre unos profesionales y otros, virtud que solo se logra con la práctica continuada, como hemos comentado ya. Por lo tanto, es normal que los pianistas o violinistas novatos tropiecen una y otra vez en teclas equivocadas o cuerdas mal pulsadas, lo que no es aceptable, como es lógico, en músicos profesionales de primer orden. Y lo mismo ocurre en el deporte; veamos algunos ejemplos. Dražen Petrović, el genial jugador croata de baloncesto, cada día, tras entrenar con su equipo, se quedaba en el pabellón deportivo del Real Madrid hasta conseguir meter quinientas cestas. En el caso de Larry Bird, para muchos el mejor alero anotador de la historia de la NBA, practicaba mil lanzamientos diarios. Esta práctica continuada, con una buena técnica, asegura el control automático de los movimientos en la parte subcortical del cerebro. Cuando un deportista duda, por diversos motivos, ya sea futbolista, tenista o corredor de los cien metros lisos, los mecanismos conscientes toman en algún momento una mayor importancia en su mente, tal vez durante unos milisegundos, el tiempo suficiente para que su rapidez, reflejos y precisión no sean los mismos de antes. La duda es el fin del músico intérprete o del deportista. Con todo, hacer música no es solo tocar y tocar, aunque sea sumamente importante, porque, de ser así, el presente y el futuro de la música interpretada estarían colmados de los millones de estudiantes chinos y coreanos que han aprendido o están aprendiendo a tocar un instrumento.

Para un músico, fiarse solo de sus automatismos neuromusculares encierra un peligro enorme. Tocar un instrumento musical es diferente a jugar al baloncesto, aunque algunos procesos neuromusculares y cerebrales sean comparables. El músico, como en los ejemplos citados anteriormente, juega también con memorias visuales y auditivas y su conocimiento teórico de la música y la historia de las interpretaciones. Todos los músicos, en un nivel de principiante o medio, saben que si se interrumpe la interpretación de una obra musical por la mitad, es realmente complicado continuar inmediatamente desde ese punto; en la mayoría de los casos es necesario recomenzar desde el principio o desde otro compás previo. Muchos músicos —como veremos más adelante— interpretan como si navegasen o estuviesen «subidos» en la música, en un continuo. Numerosos pianistas coinciden en que para repasar una pieza musical prefieren tocarla con la partitura con la que la estudiaron originalmente (incluso con manchas de café), por tener un procesamiento y memoria muy visuales. Yo mismo prefiero tocar la *Consolación nº 3* de Liszt con la partitura con la que aprendí la pieza, aunque la presida un gran manchón de tinta. Esta característica visual es típica de, por ejemplo, pianistas. Como decía Herbert Simon, cada profesional usa estrategias distintas en cada área de la vida.

Durante los últimos treinta años, he tenido la oportunidad de hablar con un gran número de músicos profesionales, particularmente cantantes de ópera. Contaremos aquí tres casos excepcionales, que pueden situarse entre los mejores intérpretes que podemos encontrar hoy en día en los escenarios. El primero es el gran violinista alemán Frank Peter Zimmermman, que me comentó que, cuando interpreta una pieza musical en un concierto, no está realmente visualizando la partitura mentalmente, lo que él asociaba más bien con pianistas. Lo que Zimmermman hace es seguir el sonido y la melodía en su cabeza, trasladando las notas a su violín. Su conocimiento de la obra, desde niño, junto con la armonía de la partitura, la teoría musical y su propio sentimiento, le lleva de la mano a través de la música, con una mezcla de mecanismos conscientes y automáticos. Es el sonido, la música, lo que le guía. Otra experiencia algo diferente es la del también extraordinario pianista ruso Daniil Trifonov, uno de los músicos jóvenes de mayor proyección. Me comentaba que para él la inter-

Figura 17: El violinista alemán Frank Peter Zimmermman con la mujer del autor; en el centro, el autor con el pianista ruso Daniil Trifonov y, a la derecha, con el barítono Leo Nucci.

pretación musical es como cabalgar una ola con una tabla de surf: coge la ola —la armonía, la nota musical, la melodía, la tonalidad—, que le lleva navegando por la música como si estuviese subido a una tabla, surfeando en ella, dejándose llevar y recurriendo también a su conocimiento musical. Aunque Trifonov tampoco visualiza mentalmente la partitura, sí cuenta que percibe algunas notas como si fuesen colores, lo que es un caso singular, en un intérprete de renombre, de la sinestesia antes comentada.

El tercer ejemplo es el del extraordinario barítono italiano Leo Nucci, que me contaba, a sus setenta y cinco años y tras una representación triunfal, que, en sus inicios, había pasado un largo periodo de tiempo —¡seis años!— estudiando y realizando ejercicios de vocalización, sin ni siquiera cantar arias de ópera. Al preguntarle sobre aspectos técnicos como el antes mencionado *passaggio*, Nucci relata que para él no existe, de hecho, y nunca ha sido consciente de él, aunque, paradójicamente, es obvio que lo realiza y domina. Como los grandes cantantes de la historia, al cantar con el sonido apoyado sólidamente en el diafragma —como un violonchelo que es tocado siempre con decisión por el arco o como un niño que llora emitiendo siempre la misma nota, durante horas, usando el diafragma y sin apretar la garganta—, puede modificar el sonido libremente en la laringe, sin problemas. De esta forma, Nucci, al estudiar de manera pausada y segura, pudo automatizar esos procesos cognitivos y neuromusculares y asegurar su técnica, que le ha permitido mantener sus triunfos arrolladores a una edad casi inaudita, con un repertorio de gran dificultad y recitales repletos de difíciles arias de barítono (*Chenier, I Pagliacci, Ballo, Barbero, Don Carlo, Rigoletto, Traviata*), imposible en la práctica para la mayoría de los jóvenes cantantes. Nucci comentaba que nunca jamás había visitado, en tantas décadas de trabajo, la consulta de un médico otorrinolaringólogo.

La creación musical: satisfacción y ronquidos

Sloboda (nacido en 1950), psicólogo que ha trabajado especialmente en el campo de la música, ha propuesto analizar el proceso de creación musical desde cuatro perspectivas. La primera sería el examen de la historia de la composición particular y los bosquejos, cartas o memorias autobiográficas que los compositores han escrito, comentando cuestiones de la obra. Aquí vemos notables diferencias. Mozart solía escribir la línea de la melodía y del bajo de secciones enteras, para completar en una fase inmediata (su rapidez de composición es legendaria) las líneas armónicas. En sus manuscritos conservados pueden observarse mínimas correcciones, con lo que demuestra una inspiración insólita. Al contrario, Beethoven retocaba una y otra vez sus manuscritos, llenos de manchas y borrones, pero, una vez que una idea surgía, todo el proceso de composición estaba ya marcado con una clara intención. Mahler volvía incluso años después a sus obras, para reescribir la versión definitiva. Cambiando de época, tenemos constancia visual de ese proceso en el caso paradigmático de The Beatles y The Rolling Stones. La película *Let it be* muestra tanto la creación de dos discos, el que lleva el mismo nombre y el fantástico *Abbey Road*, así como la descomposición personal del grupo. ¿Cómo no imaginar que Paul McCartney piensa —consciente o inconscientemente— en Yoko Ono cuando canta: «Jo Jo, vuelve adonde una vez perteneciste»? En el caso de The Rolling Stones, la película *One plus One* muestra la lenta elaboración de una canción ya mítica, «Sympathy for the devil».

Un segundo método sería el examen de lo que los compositores cuentan en detalle, ellos mismos, sobre su propio proceso compositivo, pero esto no suele ser usual, y solo es posible en contadas ocasiones, como en el caso de Pierre Boulez, compositor y director de orquesta, que lo ha descrito en un extraordinario libro, en colaboración con neurocientíficos. Otro ejemplo de estudio directo: he tenido la oportunidad de preguntar a Jake Heggie, conocido compositor estadounidense de óperas (creador, entre otras, de *Dead Man Walking*, tal vez la más exitosa ópera moderna del siglo XXI), acerca de sus métodos de composición. Me comentaba que para componer necesita participar en un proyecto que le ilusione, en cuyo caso la música surge en su mente de forma fluida en relación con cada personaje; de no ser así, el trabajo se hace mucho más complicado. Cuando Heggie sabe quiénes serán los cantantes que interpretarán cada personaje, va adaptando la música a las características vocales de los intérpretes —lo mismo que muchos compositores de óperas del pasado—. Para él una cuestión fundamental en un compositor es trabajar continuamente, intentar ser feliz —y recordamos al Mozart jovial—, y saber lo que puede hacer bien. Mencionó también las difíciles experiencias de Beethoven y Debussy en la composición de sus óperas, ya que, a pesar de haber creado obras de interés, no eran realmente compositores operísticos. También recordaba la necesidad de aceptar la respuesta del público a la obra, como Puccini, que recortó sustanciales fragmentos de su *Madama Butterfly*, tras una negativa respuesta del público en el estreno, y reconstruyó la ópera por completo en siguientes versiones. Al final Heggie confesaba que no sabía ni cómo ni de dónde venía la música que aparecía en su mente, característica repetida en numerosos compositores.

El tercero sería la observación *in vivo*, en persona, de los compositores durante una sesión de trabajo, lo que se ha realizado en algunas universidades estadounidenses con profesores de composición, a los que se les pedía realizar un auténtico análisis de protocolo, es decir, que verbalizasen en voz alta lo que pensaban mientras resolvían problemas de composición, para luego analizar la transcripción en texto. Este método plantea, desde mi punto de vista, dos problemas principales. Por una parte, los sujetos de estudio son profesores de composición, pero no compositores de primer orden en la historia, como es obvio. Por otra, al saber que están siendo analizados por los investigadores, su proceso de composición está indefectiblemente alterado, lo que impide conocerlo libre de artefactos externos. En otro estudio con compositores realizado en Estados Unidos, se utilizó la RMf para explorar las áreas cerebrales implicadas en la creación musical. En el análisis se encontró que la conectividad funcional primaria se realiza en el lóbulo occipital del cerebro, en ambos lados, mientras que la actividad de la corteza poscentral bilateral descendía durante el período de composición; sin embargo, la conectividad funcional más fuerte surgía en varias áreas cerebrales (la corteza cingulada anterior, la circunvolución angular derecha y la circunvolución frontal superior bilateral) durante el trabajo compositivo. Estos hallazgos tienen un claro interés neurocientífico, pero su interés musical es, todavía, relativo.

El cuarto y último sería pedir al compositor que improvise sobre una idea o una obra de otro, y analizar la música que está elaborando en ese momento. No obstante, este contexto también se ve modificado por la situación experimental, y tampoco tenemos acceso a los grandes compositores.

Pese a estos estudios, el acto original de la creación sigue siendo tan misterioso como antes. Nunca sabremos realmente cómo llegaban a inspirarse para crear cada una de sus obras Mozart, Beethoven o cualquier otro gran compositor de la historia, y solo podremos recoger pistas indicativas de esa chispa creativa original —más tarde el compositor puede utilizar conocidas técnicas de composición que se enseñan en conservatorios—. Aun así, desde un punto de vista cerebral, sus notas autobiográficas nos permiten analizar sus recuerdos y proponer conjeturas neurocientíficas de gran interés, como, por ejemplo, cuando muchos compositores se sienten como los receptores de una música que está ya en el universo, «en el éter», o «ahí fuera»; es decir, cuando piensan que las canciones, las obras musicales, ya existen y ellos solo son simples transmisores de esa energía o música. Veremos que hay una explicación neurocientífica o psicológica para esta idea.

Si los propios creadores no reconocen claramente el origen de sus ideas, tan distintas entre ellos, una coincidencia curiosa, y nada casual, relaciona con frecuencia la inspiración musical con el sueño y la vigilia. Tchaikovsky soñaba una y otra vez con melodías que no le dejaban dormir y exclamaba: «Aparten esa música de mi cabeza». Paul McCartney cuenta cómo «Yesterday», su canción más conocida en The Beatles, surgió en un sueño y durante meses pensó que era una canción que había escuchado en algún lugar, no el fruto de su propia inspiración. También Keith Richards, de The Rolling Stones, se despertó una noche con la idea principal de la mítica canción «Satisfaction» en su cabeza. Richards cuenta cómo conectó la grabadora, tarareó la canción y, a la mañana siguiente, al poner la cinta, pudo escuchar el esbozo del tema... ¡y media hora de ronquidos! Pete Seeger, cantante folk estadounidense, describía cómo muchas ideas le venían a la cabeza cuando estaba en el periodo entre la vigilia y el sueño.

En todos estos casos hay que pensar en los mecanismos inconscientes y automáticos del cerebro, que durante el sueño siguen activos. Tras un trabajo continuado consciente y poco productivo, estos mecanismos inconscientes pueden liberarse en una de las varias fases del sueño; pero incluso —o más— en estos casos, el talento y el duro trabajo son imprescindibles. Por otra parte, usar los sueños como un método de inspiración, provocado deliberadamente, no sirve como fuente creativa. El director de cine Alfred Hitchcock pasó por su propia fase de entusiasmo por las teorías freudianas —que le inspiraron varias películas magistrales en la década de 1940—, y tuvo también la ocurrencia de rebuscar en sus mecanismos inconscientes para elaborar guiones de nuevas películas, pensando en la cantidad de temas geniales que creía que aparecían en sus sueños y luego olvidaba. Para este experimento puso todas las noches el despertador a una hora concreta y al despertarse tomaba nota inmediata de los sueños que tenía en ese momento. Al cabo de un tiempo examinó la libreta de notas y comprobó, frustrado, que eran ideas absurdas o simplistas, sin ningún valor potencial. Aquí tenemos que recordar varias teorías que existen sobre los sueños: la freudiana (mitológica, literaria y científicamente indemostrable) de la interpretación de los sueños como el resultado de represiones psicológicas liberadas; otra, que

considera los sueños como «basura cognitiva», restos incoheren-
tes de pensamientos entrelazados; y una tercera que lo interpreta
como reordenaciones de los pensamientos del día e incluso libera-
ciones de las tensiones de los procesos conscientes, teoría que ex-
plicaría mejor las historias vividas por muchos compositores, para
lo que debemos recordar que el sueño pasa por diferentes fases. En
algunas de ellas, el cerebro registra a la vez una relajación en ciertas áreas y una actividad mantenida en otras, lo que puede llevar a
ese momento especialmente creativo. No obstante, esta teoría no
se puede comprobar fácilmente: si un compositor formase parte
de un experimento en el que debe permanecer un determinado
tiempo dentro de una máquina de RMf o con un casco de EEG,
muy probablemente no podría dormir, por una parte, y, por otra,
su único pensamiento sería cómo librarse y volver a casa, no cómo
componer una espectacular sinfonía.

Las investigaciones recientes en neurociencias y psicología
nos ofrecen una pista apasionante sobre el proceso creativo en
las artes e incluso en todas las actividades intelectuales del ser
humano. Vamos a considerar a continuación revisiones recientes
que han realizado investigadores como Kandel, Schooler y otros,
particularmente de la literatura científica existente sobre las artes visuales —sobre todo la pintura—, que hemos adaptado en
este libro al campo musical usando numerosos ejemplos existen-
tes. En particular, veremos la importancia de los mecanismos inconscientes en la creatividad.

El maná musical (¿elige la música a los músicos?)

Varios investigadores han sugerido que, analizando el proceso
creativo a lo largo de la historia, podemos observar que muchas

grandes ideas de especial creatividad se han realizado no cuando la persona estaba concentrada en lograrlas, sino en momentos de distracción: dando un paseo, durante el sueño o bajo la ducha. Los ejemplos son innumerables, como el famoso «Eureka» de Arquímedes, cuando este sabio griego encontró el principio que lleva su nombre mientras se daba un baño —el mejor sitio para ese caso, por cierto, tras darle vueltas y más vueltas al problema que quería resolver—. En muchas ocasiones, la persona está concentrada en una cuestión durante días o meses, y en un momento de relajación, cuando ya no piensa en ella, la solución aparece.

Uno de los mejores compositores de música popular, como músico y como letrista, premio Nobel de literatura, es Bob Dylan, para el que es necesario trabajar en un ambiente estimulante, tranquilo, que le haga sentirse bien. Dylan no tenía un momento especial para componer, sino que simplemente la idea surgía, como si él fuese un mero transmisor de una obra musical que ya estuviese creada, esperando «ahí fuera». Como hemos comentado anteriormente, esta es una idea que vemos repetida constantemente en muchos músicos. Enrique Rueda, compositor de gran prestigio, catedrático de armonía del Real Conservatorio de Madrid, me comentaba algo similar, al hablar con él sobre una obra suya reestrenada en el Auditorio Nacional de Madrid. Para Paul Simon —sin su socio Garfunkel—, lo ideal es dejar que la mente vague libremente, buscando la inspiración de una forma inconsciente, sin perseguirla con excesivo denuedo. Dylan cuenta también cómo las mejores canciones surgen rápidamente, en un momento de especial inspiración, mientras que con otras, incluso menos brillantes, tenía que esforzarse más y volver una y otra vez sobre ellas. En la música clásica encontramos los dos polos opuestos, el de Mozart —rápido y efectivo en grado máximo— o el de tantos otros compositores, que tienen que trabajar casi nota a nota. En el caso de Ravel, le ocurrió esto último en alguna ocasión puntual, como en el segundo movimiento de su *Concierto para piano en Sol*, aparentemente menos complejo que el primero, pero para el que tuvo que realizar un esfuerzo hercúleo. Lou Reed, prolífico músico rock, líder del grupo The Velvet Underground y estrella luego en solitario, afirmaba que escuchaba nuevas canciones en su cabeza todo el día, como si tuviese sintonizada una radio imaginaria, pero para poder discernir el buen material del malo debía estar física, espiritual y emocionalmente en buena forma.

Veamos lo que contaba Mozart en una de sus cartas sobre su proceso creativo: «Cuando estoy liberado, a solas y de buen humor, o viajando en carruaje, o al pasear tras una buena comida, o por la noche cuando no puedo dormir, es en estas ocasiones cuando mis mejores ideas surgen. De dónde y cómo vienen, no lo sé. Tampoco las puedo forzar. Esto me levanta el alma y siempre que no se me moleste, el tema se desarrolla por sí solo». El carácter jovial, desenfadado, de Mozart fue seguramente una cuestión clave para liberar su creatividad.

Sabemos que la relajación no es sinónimo de vacío mental, pues, en ese momento, en feliz paradoja, se produce una actividad mayor de procesos mentales inconscientes. Las investigaciones recientes que indican que gran parte de nuestra vida racional, creativa y emocional se realiza de forma inconsciente están transformando radicalmente nuestro conocimiento de la psicología humana relacionada con la toma de decisiones. Una explicación para ello consiste en que la conciencia utiliza la atención, pero esta solo puede examinar un número escaso de posibles pasos y soluciones a un problema, generalmente de uno en uno; sin embargo, el pensamiento inconsciente puede hacer uso de gran número de diferentes redes neuronales en el cerebro, cada una de ellas ocupada en un proceso de forma independiente, por lo que se puede analizar un amplio número de posibles caminos, en contraposición a los mecanismos conscientes, mucho más restringidos. Así, encontramos, tantas veces, que los compositores indican que no existen reglas reales para generar ideas originales durante el proceso de creación musical, ya que las ideas y la música «estaban ya ahí» y ellos simplemente son transmisores de esa música ya existente.

Una explicación neurocientífica para este procedimiento sugiere que, en el proceso de creación musical, contribuyen decisivamente estas redes neuronales encargadas de los procesos inconscientes, a las que la conciencia no tiene acceso directo, por lo que los compositores piensan que la inspiración ha llegado de otra dimensión desconocida para ellos. La obsesión con la creatividad, o su falta, haría entonces que el compositor se concentrase en exceso en sus mecanismos conscientes, menos efectivos desde el punto de vista de la creatividad, y pueda llegar el bloqueo creativo.

Ernst Kris, psicoanalista austriaco, fue el primero en proponer que los procesos mentales inconscientes tienen un peso importante en la creatividad. Según él, en los momentos en los que la mente de los artistas no está centrada en la creación, estos llevan a cabo una serie de procesos inconscientes, de libre asociación entre grupos neuronales e ideas, y no de manejo de conceptos abstractos, por lo que el individuo puede disfrutar mucho más con ellos. En el caso de los procesos cerebrales conscientes, el pensamiento es abstracto y lógico, unido a la realidad y no tanto a la imaginación y la creatividad.

Dijksterhuis y Meurs, psicólogos holandeses, han realizado una serie de investigaciones para analizar por qué el pensamiento inconsciente puede llevar a una creatividad más original. Según su hipótesis, cuando una persona aborda una cuestión de forma equivocada, no consigue llegar a ningún resultado óptimo si insiste en querer continuar por ese camino; pero al cambiar la atención a otro problema los procesos inconscientes siguen trabajando en la cuestión aparentemente arrinconada y es más probable que la persona llegue a un resultado más creativo e incluso inesperado, si tiene la capacidad y posee el conocimiento para ello.

Esto no quiere decir que el compositor deba pasar el día bajo la ducha o paseando por un parque. La corteza cerebral influye, de hecho, en la creatividad; sobre todo las áreas de asociación, las que conectan las áreas sensoriales con otras de procesamiento más complejo. Hay diversas evidencias, en los estudios realizados con profesionales, de que la creatividad musical tiene lugar sobre todo en el hemisferio derecho cerebral, aunque no esté circunscrita únicamente allí.

No sin ti

El caso de la composición en The Beatles es fascinante. Paul McCartney y John Lennon (este último era disléxico, lo que suele relacionarse con una mayor capacidad para las artes, a costa de los problemas asociados con el lenguaje durante la infancia) firmaban las canciones juntos, pero en realidad componían por separado. No solo eso, sino que se forjó una competitividad extrema entre ellos para componer más y mejores canciones, aunque luego se ayudaban en su mejora y grabación. Sorprendentemente, la creatividad musical de ambos decayó, casi de inmediato, al separarse. Analizando la música de Paul McCartney, uno puede escuchar, casi con estupefacción, algunos detalles de muy dudoso gusto en los discos que hizo nada más separarse de Lennon, por ejemplo, en la canción

«Uncle Albert». McCartney, no obstante, ha compuesto numerosas canciones durante su carrera en solitario, pero esa brillantez anterior pareció evaporarse de repente, para desesperación de sus fans —y aún más del propio cantante—. Años después de la separación de The Beatles, en una acción merecedora de un estudio psicológico, llegó a recomponer el mítico estudio donde se grabó *Abbey Road*, tal como estaba en el tiempo de The Beatles, buscando la inspiración perdida, pero esta había desaparecido sin remedio y, evidentemente, no tenía nada que ver con el aspecto meramente visual del entorno. Seguramente, era la competitividad y colaboración con Lennon lo que más pudo haberle estimulado, además de la alegría propia de aquel tiempo, la confianza en sus posibilidades, la falta de dudas en su talento, el intercambio continuo con otros músicos en aquel entorno musical... Todo ello creó lo que se suele llamar «estado de gracia», que algunos artistas sienten en ocasiones. También el efecto de las drogas y el alcohol pudo —y lo hizo, en otros casos más evidentemente— tener un efecto negativo. En cuanto a Lennon, ese deterioro llegó más tarde. Pasó por un periodo de excesos —el largo «fin de semana», un año y medio de desenfreno de alcohol y drogas en 1973 y 1974— y, más tarde, solo con Yoko Ono y su hijo recién nacido, cinco años recluido en su piso del edificio Dakota de Nueva York, sin contacto con otros músicos y con la televisión —es difícil encontrar estímulo más pasivo y aletargador— encendida el día entero, como cuentan sus escasos visitantes, era imposible encontrar ese entorno creativo. Por último, ya eran todos millonarios, y la escasez de dinero siempre fue un acicate para muchos músicos, que se veían obligados a componer por una mera cuestión de supervivencia. Como le contestó el cantante Rod Stewart a su sobrina cuando le preguntó cómo hacía para cantar con esa garra cuando era joven: «¡Porque pasé hambre!». Distinto fue el caso de Giuseppe Verdi. Millonario ya en su mediana edad, el dinero en el banco no fue obstáculo para componer alguna de sus mejores obras —*Otello*, *Falstaff*— alrededor de los ochenta años, después de quince sin componer ninguna ópera.

En definitiva, la creatividad musical no se basa solo en componer una melodía. Si recordamos temas tan conocidos como, por ejemplo, «Satisfaction» de The Rolling Stones o la quinta sinfonía de Beethoven, reconocemos principalmente ese componente rítmico incluso más que la propia melodía de la pieza. La principal materia en una composición, para Bob Dylan, es el ritmo, y a partir de ahí él centra una idea. De nuevo, Dylan coincide con otros compositores en que esa acción no es realmente consciente —de la corteza cerebral, recordemos—, sino más bien inconsciente.

Tecnología e inteligencia artificial: Mozart, chips y bits

El uso de sistemas de ayuda a la interpretación o composición musical ya fue abordado mediante el empleo de autómatas —pianolas, por ejemplo— o diversos métodos combinatorios o probabilísticos, siglos atrás. Históricamente, mucho antes de los tiempos de la informática, sistemas como los *piano rolls* permitieron registrar y reproducir, más tarde, las interpretaciones de grandes pianistas de comienzos del siglo xx, en un tiempo en el que las grabaciones acústicas y electrónicas no existían o, ya más tarde, no podían generar un sonido aceptable. Así, conservamos registros en rollos para pianolas de pianistas legendarios como Busoni, Gershwin, Paderewski, Hofmann o Ravel. Estas grabaciones mecánicas permitían no solo grabar las notas correspondientes a los golpes del teclado sino también las pulsaciones de los pedales, así como registrar los tiempos y silencios. Más atrás en el tiempo, se sabe que Leonardo da Vinci construyó un autómata musical que no ha llegado a nosotros. Se atribuye a Mozart un sistema, llamado la «Dama de los dados», basado en numerosos fragmentos musicales breves que se podían combinar para componer obras más complejas.

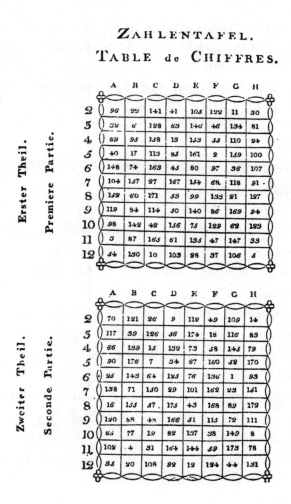

Figura 18: Ejemplo del «Juego musical de los dados» (*Musikalisches Würfelspiel*). Atribuido a Mozart, aunque sin evidencias concluyentes de su autoría, el juego consistía en dos dados con los que se podía generar música de modo aleatorio, usando fragmentos musicales cortos ya escritos. Las imágenes muestran una tabla con posibles combinaciones y una página con fragmentos musicales.

Los inicios de la investigación musical con inteligencia artificial (IA) se remontan a finales de la década de 1950, cuando algunos pioneros de la música en este campo, como cuenta Curtis Roads, ingeniero investigador del MIT, en Boston, argumentaban que el compositor humano debía escribir sus composiciones musicales sin confiar en el ordenador porque los programas de IA

carecían aún de creatividad. Sin embargo, esta idea ha cambiado en los últimos años y los sistemas inteligentes de ayuda a la edición y composición están muy presentes en el mundo musical actual. Después de varias décadas de esfuerzos, las grandes compañías invierten a día de hoy ingentes cantidades de dinero en sistemas creadores de música. Un buen ejemplo de ello sería Magenta, el sistema basado en IA de Google para la composición musical.

La IA se emplea, en el campo de la música, en tres tipos de tareas principales: composición, improvisación y sistemas de interpretación. Si los dos primeros han sido temas clásicos, ya desde las décadas de 1950 y 1960, el tercero presenta el problema principal de capturar la expresividad del ejecutante. En las artes, los seres humanos suelen trabajar en un primer momento por imitación, en cualquier tipo de tarea, por lo que la idea de analizar multitud de grabaciones para que el ordenador extraiga el conocimiento implícito en ellas es otro gran reto para la IA.

Un ejemplo clásico es el de Hiller e Isaacson (1958), con su Illiac Suite, una composición que se generó utilizando sistemas de reglas y cadenas de Markov, una técnica matemática. Posteriormente, Xenakis, un renombrado compositor de vanguardia, empleó algoritmos utilizados profusamente en otras áreas para generar música para sus composiciones, con más éxito académico que musical.

Gill, a comienzos de la década de 1960, aplicó la IA clásica a la composición algorítmica, con la meta de guiar un conjunto de reglas de composición musical. Otras técnicas clásicas informáticas, como el paradigma de marcos creado por el pionero de la IA Marvin Minsky se han empleado también en la composición musical para resolver problemas de armonía tonal.

Tradicionalmente, la composición musical incluye una serie de actividades cerebrales para definir ritmo, armonía, melodía, tonalidad, voces, contrapunto, orquestación y escritura final de la partitura. Todas estas actividades por separado pueden ser asistidas por ordenadores —por ejemplo, con herramientas gráficas—, aunque, como en otros casos, la coordinación de todas ellas en un único sistema inteligente, capaz de componer grandes obras musicales originales, es todavía una empresa imposible.

La meta primaria de un sistema informático automatizado de ayuda a la composición musical es servir de apoyo técnico a un compositor en las diversas fases de su trabajo. Como ya hemos visto, el caso de Mozart, que componía sus obras sin casi modificaciones, como si le fuesen dictadas, es único. Por ello, la asistencia de un sistema inteligente que pueda ayudar al compositor en la planificación de la obra, en la corrección de errores, o facilitándole sugerencias diversas y la codificación final en una partitura que pueda ser modificada fácilmente, es importante. Los editores inteligentes de partituras son de gran ayuda a los compositores y probablemente sean los sistemas de mayor aceptación por parte de los profesionales avanzados, aunque su uso es aún demasiado sofisticado para el público general.

La composición algorítmica (el uso de algoritmos en la composición musical) ha sido un enfoque necesario en la automatización del proceso de composición musical realizado por ordenadores, sobre todo en cuanto a la generación de melodías, armonías, ritmos y acompañamientos (u orquestación) y tanto como soporte a un usuario humano como para la propia actividad creadora de la máquina. Cuando la meta es imitar una música ya existente, los resultados suelen ser aceptables, pero crear una música original de auténtica calidad es todavía una meta demasiado ambiciosa. Diferentes técnicas computacionales —algunas de IA— se han utilizado para la composición algorítmica, incluyendo técnicas específicas como reglas SI (premisas...), ENTONCES (acción...), razonamiento basado en casos, redes neuronales y otras. Veamos a continuación algunas de estas técnicas.

Un ejemplo de sistema basado en reglas SI (premisas...), EN-TONCES (acción...) es el de Johnson, que desarrolló un sistema experto, fundamentado en el conocimiento de dos pianistas avanzados, para determinar el tempo y articulación necesarios para tocar el álbum *El clave bien temperado* de Bach. La salida (el resultado) del sistema sugería un tempo musical y recomendaciones sobre la duración y digitación de cada nota. Al evaluar el sistema se comprobó que las sugerencias coincidían con las indicaciones de ediciones comentadas de la obra.

El razonamiento basado en casos es otra técnica, creada por Janet Kolodner (profesora en Georgia Tech, Atlanta, con la que tomé clases) usada en la composición musical. En estos sistemas informáticos se puede acceder a una biblioteca de casos, que contienen las características de un problema y también su solución. Ante un nuevo caso o problema, el sistema busca en su biblioteca aquel que se asemeja más. A menos que el nuevo problema sea idéntico a otro almacenado, el sistema deberá seleccionar un caso similar o parecido al nuevo problema y adaptar la solución existente en ese caso antiguo al nuevo problema. Si la nueva solución se considera apropiada, se puede incluir este nuevo caso en la librería, con lo que el sistema va creciendo —y aprendiendo, al añadir nuevo conocimiento— paulatinamente. Diversos investigadores han usado esta técnica para la composición musical. Por ejemplo, con piezas de música barroca, buscando los casos más similares, que se analizaban y aprovechaban para componer una línea melódica muy simple. Los resultados, muy básicos —como es lógico por el enfoque del sistema—, son comparables a ejercicios prácticos de estudiantes de primeros cursos musicales.

Las redes neuronales artificiales son modelos computacionales inspirados en grupos de neuronas biológicas, que consisten en conjuntos interconectados de procesadores (neuronas) artificiales. Estas neuronas (en software) implementan una función matemática o lógica. Su poder viene de la arquitectura, las conexiones y los algoritmos de aprendizaje que usan. En los últimos años han adquirido una importancia creciente, en temas desde el diagnóstico de imágenes médicas a la detección de fraudes en bancos, y también en la composición musical. Estas redes constituyen sistemas capaces de aprender: tras un entrenamiento con un conjunto de datos o casos, la red aprende a reconocerlos y puede en ese momento manejar otros casos o datos diferentes, generando como salida un resultado concreto. En el campo musical es necesario entrenarlas con un conjunto de composiciones musicales y, basándose en ellas, se puede generar una nueva composición, del mismo estilo. Sin embargo, esta nueva composición no resulta muy original, ni podemos saber el proceso interno completo que se ha llevado a cabo en detalle, pero muestra un esperanzador camino para el futuro. Usando arquitecturas más complejas y mejores algoritmos, así como un conjunto extenso de casos previos, las redes podrán aprender cada vez mejor y generar composiciones más complejas y, tal vez, originales. En los últimos años se han creado redes de un nuevo tipo, con arquitecturas más complejas y métodos de aprendizaje más potentes en lo que se llama *deep learning*, con nuevas promesas en múltiples campos, que podrían incluir el musical.

Un problema que surge de la composición algorítmica es la medida de la calidad de la composición. ¿Cómo podemos valorar la calidad musical de la obra creada por el sistema inteligente? Muchas de las grandes obras musicales de la historia fueron rechazadas —o incluso pateadas, y sus autores insultados— en sus estrenos, pero evidentemente un músico de cierto nivel puede calificar, de forma objetiva, si una obra nueva no tiene la mínima calidad necesaria para ser al menos comparada con la de un compositor humano. De momento, las ayudas automatizadas a la composición de estos sistemas son mecanicistas y previsibles, por lo que no es posible esperar a corto plazo ninguna genialidad musical de una máquina, pero no hay razones objetivas para descartar que pueda ocurrir en un futuro. Alan Turing, pionero de la informática, anticipaba en 1950 que no había ningún límite objetivo que pudiese descartar, *a priori*, que un ordenador llegase a tener una creatividad artística similar a una persona.

En España el equipo de Ramón López de Mantaras en el CSIC ha creado diversos sistemas de composición musical basados en técnicas de IA.

En definitiva, todos estos sistemas pueden generar composiciones de cierto interés aunque todavía de limitada originalidad, como hemos visto, pero hay que tener en cuenta que solo esto ya era un logro impensable no hace muchos años. En cualquier área de reciente creación, y más con un objetivo tan novedoso como este, es necesario esperar un tiempo. Si un ordenador lograse, en un futuro, componer una obra musical de calidad y original, sería una prueba más de que las máquinas pueden realizar muchas de las tareas cognitivas que desarrolla el ser humano. El reto es gigantesco.

PATOLOGÍAS Y LOCURAS MUSICALES. EL BISTURÍ QUE CORTABA EL PENTAGRAMA

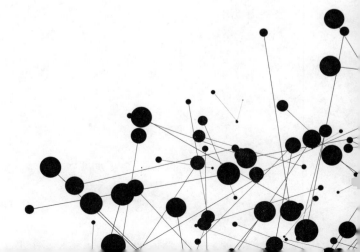

Son muchos los compositores que han creado obras en las que se han representado la locura u otros aspectos neurológicos. De hecho, no hay ópera romántica en la que su autor no haya tenido la tentación de incluir —o lo haya hecho finalmente— alguna escena de locura o algún personaje desquiciado. En los siglos XVII y XVIII, influida por el éxito de la Comedia del Arte italiana, la locura fue representada como cómica o divertida o de naturaleza amorosa. En el siglo XIX, las escenas de locura tenían un componente dramático, como la celebérrima escena final de la soprano en la ópera *Lucia di Lammermoor*, de Donizetti. Y ya en el siglo XX, las óperas presentan trastornos neurológicos y psiquiátricos mucho más sutiles, coincidiendo con el avance de las neurociencias y, en particular, de las teorías freudianas. Por ejemplo, en *Elektra* (1909), de Richard Strauss, *Wozzeck* (1925), de Alban Berg, *Edipo Rex* (1927), de Igor Stravinski, o *Peter Grimes* (1945), de Benjamin Britten.

Un estudio reciente realizado en Islandia ha propuesto que los artistas pueden tener, en mayor proporción que el resto de la población general, ciertos genes que predispongan a enfermedades mentales. Aparte de esta incierta causa genética, existen otros factores que pueden favorecer estas enfermedades, como la especial sensibilidad de los artistas. En este capítulo veremos además cómo determinados trastornos —causados por traumatismos, enfermedades infecciosas, tumores, etcétera— pueden afectar al cerebro y alterar las capacidades musicales del enfermo y hasta qué punto el consumo de alcohol y estupefacientes, que podría ser más alto entre los músicos, sobre todo de música moderna o jazz, puede causar problemas en la salud mental de estos.

Paradójicamente, algunas lesiones de un hemisferio cerebral pueden estimular el hemisferio contrario, al disminuir las capacidades que tiene cada uno de ellos para inhibir el otro. Así, por ejemplo, se observan numerosos casos de aumento de la creatividad musical del hemisferio derecho cuando se producen lesiones en el izquierdo. A continuación veremos ejemplos de problemas neurológicos que afectaron a músicos conocidos, con muy diversas patologías.

Maurice Ravel, uno de los mayores compositores franceses de la historia, comenzó a sufrir los síntomas en el hemisferio izquierdo de lo que posiblemente fuese una demencia frontotemporal, o enfermedad de Pick, lo que le ocurrió alrededor de los sesenta años, cuando estaba en un momento álgido de su carrera. A pesar de tal problema, la capacidad musical creativa de Ravel permaneció inalterada y se especula con que incluso esta pudo aumentar; sin embargo, él mismo se quejaba de la imposibilidad de escribir la cantidad de música que su cerebro estaba creando continuamente. Ravel era capaz de reconocer melodías complejas y percibir errores en interpretaciones musicales de otros, así como la afinación, pero esta enfermedad le produjo la alteración típica de las afectaciones de las áreas relacionadas con el lenguaje, y perdió la capacidad de identificar notas musicales por su nombre, así como la de poder leer y escribir música. Tampoco podía tocar el piano, el que había sido ya uno de los mejores compositores de la historia. Durante un tiempo, otros músicos intentaron ayudarle, transcribiendo al papel la música que Ravel todavía podía crear; no obstante, finalmente, esa capacidad también se perdió y ya no pudo componer más hasta su muerte.

Se ha propuesto que la demencia frontotemporal produce una lesión en los lóbulos frontal y temporal izquierdos, lo que impide la inhibición de la actividad del hemisferio derecho; esto puede puede comportar el incremento de las capacidades musicales de estos pacientes de forma sustancial. Algún artículo científico ha sugerido también que la lesión de Ravel podría haber aparecido años antes de sus síntomas más aparentes, e incluso haber estimulado la composición de su famoso *Bolero*, con las famosas repeticiones y variaciones de la melodía. Tal fue el impacto de la obra en su estreno que una señora gritó: «Está loco». No hay posibilidad de probar ni refutar tal conjetura neurológica —aunque pueda parecer tan falsa como la idea de algunos de que el Greco pintaba sus figuras alargadas por un defecto visual—, pero sí sabemos que ya durante el proceso avanzado de su enfermedad su creatividad pudo aumentar, aunque no fuese capaz de plasmar su música en una partitura.

Otro compositor, el estadounidense George Gershwin, tuvo, en sus últimos años, un carácter voluble e irritable, con diversas crisis epilépticas que afectaron a sus composiciones. Lo que se pensó durante un tiempo que podría ser una enfermedad mental era en realidad un tumor cerebral, un gliobastoma, benigno, pero que infiltraba el tejido circundante del lóbulo temporal del hemisferio cerebral derecho —en ¿casual? coincidencia temporal con su enorme creatividad musical, ya que llegó a componer casi mil canciones, algunas de ellas clásicas—, donde estaba alojado. Murió tras la operación a la que fue sometido para extirparlo.

Mozart, tal vez el niño prodigio más emblemático de la historia, mantuvo durante toda su vida una personalidad jovial y lúdica, casi infantil en algunos aspectos, por lo que algún inves-

Figura 19: Los músicos George Gershwin y Maurice Ravel, con unos amigos, en Nueva York, en la década de 1920. Se cuenta que George Gershwin quiso que Ravel le diese clases de orquestación, pero cuando este supo que su posible alumno ganaba 200 000 dólares por cada musical que componía, Ravel le contestó: «Pues tendría que darme usted clases a mí». Y aunque no ocurrió esto último, podría parecerlo, porque el primer movimiento del concierto para piano en sol mayor de Ravel está claramente inspirado por la música de jazz y la visita que hizo a Estados Unidos, donde ambos se conocieron. Trágicamente, ambos músicos sufrieron problemas médicos, cerebrales, que les causaron la muerte.

tigador ha conjeturado que podría haber sufrido algún problema psicológico basándose en la gran cantidad de cartas con expresiones soeces y juegos con palabras obscenas. No obstante, su madre también escribía sus cartas de la misma forma, en lo que posiblemente fuese un juego familiar. Ese mismo carácter jovial y desenfadado, con tics y juegos continuos —que ha llevado a algunos a proponer, sin más evidencias, un posible síndrome de Tourette—, puede verse desde otra perspectiva: fue ese humor el que le llevó a disfrutar enormemente con la vida musical, a pesar de los múltiples problemas económicos y familiares que padeció durante toda la vida.

Se desconoce el momento exacto en que Beethoven perdió gran parte de su audición de modo irreversible, aunque pudo ser a la mitad de su carrera, ni se sabe la causa exacta de su sordera. Sí conocemos que su carácter era muy difícil, ya desde niño, y la sordera pudo contribuir a aumentar su aislamiento personal. La enfermedad, sin embargo, no afectó gravemente a su capacidad compositora, pues muchas de sus grandes obras provienen de ese periodo, con la sordera ya instalada definitivamente. Es conocido que en el estreno de su novena sinfonía, que él dirigía, los músicos le indicaron, al acabar la obra, que se girase para ver —no lo podía oír— cómo el público le aplaudía con entusiasmo.

Rossini, compositor de óperas como *El barbero de Sevilla*, padeció problemas crónicos de depresión. El neurólogo español Carlos Delgado apunta a un posible trastorno bipolar con episodios maniaco-depresivos y obsesivos. En este caso, sin descartar esta hipótesis, propongo otra posible causa, ya que se conoce su afición exagerada por la comida, con una obesidad marcada y un posible síndrome metabólico (baste recordar la pasta y el tournedó Rossini, que llevan su nombre). Ese exceso de grasa pudo también afectarle su humor y la función creativa de su cerebro, pues el 70% de la materia del cerebro es grasa (lípidos), pero el exceso de esta en el cuerpo afecta a las funciones cognitivas, mientras que una dieta equilibrada con pérdida de peso puede ayudar a recuperarlas. Ya a partir de los cuarenta años dejó de componer óperas —aunque conservó su talento para crear pequeñas obras, algunas de ellas excepcionales—, y se convirtió en un residente habitual de los balnearios. En uno de ellos, en la Selva Negra, donde pretendía reponer su maltrecha salud, el autor encontró una sala con su nombre y una placa recordatoria de sus estancias habituales. Aunque suele decirse que Rossini dejó de componer óperas por pura vagancia —incluso en pleno éxito repetía fragmentos musicales propios una y otra vez en sus óperas—, es muy posible que el exceso de peso y los trastornos asociados afectasen también su creatividad y capacidad de trabajo. El abundante dinero recibido de los derechos de sus óperas —en su tiempo Rossini fue el compositor con mayores ingresos— no serían tampoco un acicate.

El neurólogo y escritor Oliver Sacks describe en sus libros numerosos casos neurológicos causados por diferentes patologías cerebrales, que llevarían a alteraciones en el procesamiento musical. Por ejemplo, en pacientes con degeneración de las partes frontales del cerebro puede liberarse y mejorar el talento y pasión musicales mientras va desapareciendo la capacidad de abstracción y de lenguaje. También la afectación por un ictus cerebral del hemisferio izquierdo puede producir musicofilia o hipermusia, es decir, un aumento de las capacidades musicales, a la vez que disminuyen otras, sobre todo las relacionadas con el lenguaje. Como ejemplo, Sacks describe el caso de Alfred Schnittke, compositor ruso del siglo XX, que sufrió diversos accidentes cerebrovasculares que afectaron su hemisferio cerebral izquierdo, pero no su talento musical, que incluso mejoró después de las primeras crisis. Tras el tercer episodio de ictus cerebral sufrió una parálisis del lado derecho del cuerpo, pero siguió escribiendo música con la mano izquierda. Otro caso similar y célebre fue el de su propio maestro, Vissarión Shebalín, un compositor ruso mencionado en libros de neurología y música como caso característico de los signos patológicos que se producen en el cerebro por trastornos neurológicos o accidentes cerebrovasculares. Shebalín fue niño prodigio y maestro de numerosos músicos y compositores rusos a lo largo de su vida. A los cincuenta y un años sufrió un ictus cerebral en el lóbulo temporal del hemisferio izquierdo, que le produjo una alteración en el movimiento de la mano derecha y en el lado derecho de la cara, lo que le imposibilitaba el habla normal. Varios años después padeció otro ictus más grave y entró en coma. Al despertar tenía paralizado el lado derecho del cuerpo y había perdido por completo la capacidad de hablar y del lenguaje. No obstante, a pesar de ello, mantuvo su capacidad musical casi intacta y compuso alguna de sus mejores obras después de estas lesiones neurológicas. Su caso fue estudiado y descrito por Alexander Luria, uno de los más destacados neurólogos del siglo xx y científico pionero del estudio de los trastornos del lenguaje y la memoria.

Otro caso célebre en la historia de la psiquiatría fue el del mítico bailarín ruso Vaslav Nijinsky (1890-1950). Diagnosticado de esquizofrenia, tuvo que retirarse a los treinta años, tras una carrera triunfal brevísima, en la que se le llamó el «Dios de la danza». Nijinsky revolucionó la danza clásica y a él se deben hitos como el estreno de *La consagración de la primavera*, de Stravinski, la obra que marcó el cambio de una época en la música clásica, con su ruptura de la melodía, la forma y el timbre, así como en la danza. Si se suma a ello la propia personalidad, quebradiza y escandalosa, de Nijinsky (si David Bowie fue un icono con su ambigüedad sexual y vestuario extravagante en la década de 1970, uno puede imaginarse un antecesor de semejante relevancia musical, en 1913), se comprenderá el tumulto que se formó en el estreno de la obra de Stravinski, el más discutido de la historia de la música. Nijinsky es un caso notable en la psiquiatría, pues describió en su diario personal, durante varios meses de 1919, su lento proceso

Figura 20: Casos célebres de la historia de la psiquiatría. Vaslav Nijinsky, caracterizado para una función con los famosos Ballets Rusos de Diaghilev y junto al compositor Igor Stravinski.

de desorden mental, en un documento único en la historia de la relación entre música y cerebro.

En el mundo pop, los problemas neurológicos de algunas estrellas han sido también reseñables. Un caso singular es el del líder de Pink Floyd, Syd Barrett, creador del sonido tan especial del grupo. No obstante, después de su segundo disco fue materialmente imposible que siguiese trabajando en la música. Barrett vivía en su propio mundo mental, tan brillantemente recordado por sus compañeros en discos como *The Dark Side of the Moon* o *Shine on your Crazy Diamond*, inspirados y dedicados a él. Se ha sugerido que el uso continuado de LSD pudo causarle el trastorno que padeció, pero más bien parece que tan solo lo aceleró. También Brian Wilson, líder de The Beach Boys y principal artífice de *Pet Sounds*, su mejor disco y una de las cumbres de la música pop, estuvo afectado de un trastorno esquizofrénico que le impidió, ya en 1968, continuar su trabajo creativo, aunque la aparición de nuevos tratamientos farmacológicos y psicológicos le permitió volver a trabajar, años más tarde. Kurt Cobain, líder del grupo Nirvana, sufrió un trastorno bipolar, con periodos de depresión seguidos de euforia, hasta que se suicidó en 1994. Ray Davies, líder del grupo The Kinks, de gran talento compositor y siempre considerado como un creador «maldito», padeció un trastorno bipolar y también intentó suicidarse, pero, paradójicamente, sobrevivió años después a un robo en el que recibió un disparo —uno de los inefables tabloides británicos lo tituló «You really shot me», haciendo un juego de palabras con el título de una canción clásica del grupo— e incluso fue nombrado caballero de la Orden del Imperio Británico. Otros músicos como Nick Drake o Ian Curtis, también figuras de la música pop-rock, sufrieron serios trastornos psicológicos que al final los llevaron a la muerte en plena juventud.

En el caso de los músicos de jazz también ha habido problemas mentales que complicaron la vida de algunos de ellos, generalmente causados por el alcohol y las drogas, y que afectaron a su trabajo musical. Thelonious Monk padeció diversos problemas cerebrovasculares, que se reflejaron en su música y lo llevaron a la muerte. Charlie Parker tuvo dependencia de analgésicos opiáceos, tras un accidente, lo que alteró su carrera musical. Charlie Mingus tuvo que susurrar sus últimas composiciones en una grabadora, ya que no podía hablar al final del proceso de ELA (esclerosis lateral amiotrófica) que sufrió y que fue causa de su fallecimiento.

El *savant* o síndrome del sabio merece un comentario aparte. Este síndrome describe a un niño o adulto con capacidades intelectuales generales muy disminuidas pero que posee una habilidad muy especial, concreta, en un área como las matemáticas o la música. Los *savants* con capacidades musicales suelen tener un oído absoluto, la capacidad de distinguir a la perfección o cantar una nota concreta, sin escucharla previamente. El oído absoluto aparece en uno de cada diez mil adultos, pero en estos niños es casi imprescindible para el desarrollo de esas

habilidades especiales que constituyen su característica primor-
dial. Algunos grandes músicos han contado con esta capacidad,
es decir, pueden reconocer una nota exacta al oírla o emitirla
cuando se le pide por su nombre, aunque no es exclusivo de los
profesionales de la música, pues muchas personas la poseen, y
ni siquiera es común entre los músicos profesionales, colectivo
en el que es más general la capacidad de reconocer intervalos
musicales concretos. El oído absoluto tiene un componente
genético necesario, pero también es imprescindible entrenarlo
con el estudio musical, y no indica necesariamente una mayor
aptitud musical, aunque sí puede favorecer al músico tener tal
capacidad.

Drogas y rock & roll

En la década de 1960, las drogas entraron en el mundo del pop, lo
que transformó la realidad social de gran cantidad de países oc-
cidentales. Muchos músicos conocidos acabaron muriendo por
sobredosis de drogas, como Jimi Hendrix, fallecido a los veinti-
siete años, y que comentaba en una entrevista premonitoria que
su principal meta era levantarse cada mañana. Brian Jones, Jim
Morrison, Keith Moon, John Entwistle, Janis Joplin, o Gram Par-
sons son otros casos sonados de muerte por consumo de drogas.

Durante muchos años se difundió el mito de que estas drogas
contribuyen a la creatividad y la felicidad, lo que extendió su consumo, cuando en realidad su efecto fue el contrario: los estupefacientes, entre otros motivos aunque con un papel preponderante,
acabaron con parte de la creatividad de muchos artistas y grupos
ingleses y estadounidenses de pop y rock de la década de 1960
y comienzos de la de 1970, pues provocan daños cerebrales que,

Figura 21: Prince y Michael Jackson, dos músicos de gran rivalidad musical y personal, unidos en un destino común. Ambos fallecieron por sobredosis de fármacos opiáceos (derivados de la morfina) de uso médico legalizado, pues sufrían dolores crónicos desde hacía muchos años. Prince, por haber usado tacones altos (medía 1,57 m) desde joven, en la vida diaria y en el escenario —donde era famoso por sus movimientos, baile y saltos, además de su música—, lo que le habría provocado lesiones en la cadera y la espalda, que lo llevaron al consumo continuado de analgésicos. Michael Jackson, por su parte, sufrió una quemadura grave en el cuero cabelludo al rodar un anuncio comercial para Pepsi, lo que le produjo fuertes dolores y también una adicción posterior a los analgésicos.

tras un tiempo, pueden alterar considerablemente las capacidades creativas de los músicos.

Keith Richards, arquetipo de la estrella rock superviviente a los excesos de alcohol y drogas, afirmaba, en divertida exageración, que seguía vivo porque había estudiado, por mera supervivencia, su funcionamiento y podría haber sido profesor de farmacología. Preguntado por las drogas que le habían ayudado a componer mejor, Richards, que indudablemente sabía que los estupefacientes habían liquidado gran parte de su extraordinaria creatividad musical ya a finales de la década de 1970, comentaba que estas no ayudaban a crear nada y que lo mejor era caminar diez kilómetros diarios a primera hora de la mañana. Brian Wilson de The Beach Boys afirmaba que las drogas y el café le habían hurtado la inspiración. Para Wilson, esta solo viene con la tranquilidad, acompañada de ejercicio y comida sana. Paul Simon cuenta algo similar sobre las ventajas del ejercicio físico y las drogas. Estos testimonios desmontan el mito del efecto de los estupefacientes como inspiración de aquellos carismáticos músicos de la década de 1960.

Musicoterapia (y musicofobia)

La música puede producir varios beneficios en el ser humano, como son el alivio del estrés y la liberación emocional, una mayor creatividad, mejor desarrollo del pensamiento abstracto o la disminución del ritmo cardiaco. Las investigaciones sobre el efecto de actividades musicales como bailar, tocar un instrumento o cantar muestran que producen beneficios objetivos en la memoria, el desarrollo del lenguaje, la atención y la coordinación física. Además, la música libera procesos del sistema inmunológico y del endocrino, con hormonas que afectan la sensación de bienestar, lo que promueve un efecto positivo.

Así, la leyenda nos dibuja a un Nerón melancólico tocando la lira para calmar su tristeza mientras Roma se destruía a causa de un pavoroso fuego. No parece ser cierta la imagen y, de hecho, imaginar a Nerón de tal guisa era ofensivo en aquellos tiempos, pues los artistas y músicos, hasta los tiempos del Barroco, pertenecían a las clases bajas de la sociedad, salvo casos concretos de músicos que pudiesen haber gozado del favor de algún poderoso.

El primer caso célebre de musicoterapia pudo ser el del rey español Felipe V. Aquejado de depresión, el monarca pasaba los días en una continua melancolía que los médicos y miembros de la corte no conseguían aliviar con ninguna terapia o entretenimiento en sus palacios. Sabedora de su fama, que ya había traspasado fronteras, la reina Isabel de Farnesio tuvo la idea de contratar al famoso cantante Carlos Broschi, Farinelli —no hizo falta secuestrarlo en Inglaterra y traerlo a España en un barco, como algún escritor imaginativo ha contado en algún libro, sino simplemente pagarle más dinero—, que era en aquel momento la mayor estrella europea de los *castrati* de la ópera italiana (cantantes castrados en su niñez que mantenían así una laringe casi infantil en cuerpos de adultos). Farinelli llegó a la corte y cuando Felipe V escuchó su voz tuvo un efecto tal en él —musicoterapia lo llamaríamos hoy— que el rey pronto volvió a hacer vida normal y a trabajar en los asuntos del reino. Farinelli se retiró de los escenarios y solo volvió a cantar para el rey y la corte, todas las noches durante nueve años seguidos, unas 3000 «representaciones», en total, con lo que se convirtió en un cortesano de enorme influencia, no solo en la salud del rey, sino en los asuntos de Estado.

La plasticidad y capacidad de adaptación ante fallos —traumatismos, enfermedades, amnesias— del cerebro permite que, frente a problemas en áreas concretas, este tenga el potencial de reorganizarse. De esta forma, si se produce una lesión en un área concreta, el resto del cerebro intenta reconectar las neuronas necesarias para aquella tarea por otras vías diferentes. En la labor de terapia de lesiones cerebrales, en la que participan profesionales sanitarios y fisioterapeutas, se ha propuesto que la musicoterapia facilita la recuperación de problemas psicológicos y alteraciones cerebrales graves. Si su efecto positivo en problemas como la depresión es conocido, su uso en patologías como Parkinson, cáncer o epilepsias está en estudio.

Si bien los usos relajantes de la música son interesantes, y cualquiera los ha experimentado, la musicoterapia va más allá de poner una radio y auriculares a un paciente con algún trastorno cerebral. En muchos países es un grado académico, estudiado en universidades, que requiere formación en medicina, psicología y música, y se basa en investigaciones y protocolos fundamentados en evidencias científicas. La musicoterapia se ha utilizado

Talento y sífilis

Las afectaciones cerebrales pueden ser causadas también por gérmenes. La sífilis es una enfermedad infecciosa para la que no hubo tratamiento efectivo y seguro (se usaban derivados terapéuticos del mercurio y del arsénico) hasta el descubrimiento de la penicilina, ya en el siglo xx. Fueron numerosos los casos de músicos que la padecieron, como Paganini, el mayor virtuoso del violín de la historia, al que se consideró durante décadas como un ser demoniaco –tras su muerte, fue desenterrado tres veces por esa causa– debido a su habilidad y su posterior deformación física, probablemente ocasionada por el tratamiento con mercurio para la sífilis. También el pianista y compositor alemán Robert Schumann pasó los últimos años de su vida en un hospital psiquiátrico, como consecuencia del último estadio de la sífilis, que afecta el sistema nervioso. Durante este periodo, sufría de delirios, convulsiones y pérdida del habla, debidos a la temida tabes dorsal, la fase de la sífilis en la que se desestructura la médula espinal, con aparición de temblores y otros signos neurológicos. Numerosos pacientes sufrían alteraciones mentales en esta etapa. Gaetano Donizetti fue otro compositor afectado por la sífilis cerebroespinal, con la ya mencionada tabes dorsal, que le causó problemas psiquiátricos profundos, con cefaleas, pérdida del habla y parálisis motora. Su ritmo de composición musical se vio afectado dramáticamente en sus últimos años, hasta llegar a la muerte del músico.

profusamente en soldados y ciudadanos heridos en conflictos armados, enfermos de alzhéimer, pacientes afectados por crisis nerviosas, enfermedades mentales, cuidados paliativos, dolor crónico, etcétera.

Aunque la música puede tener un efecto terapéutico, en algunos casos puede también causar el efecto contrario. Dejando de lado los problemas causados en los oídos por un volumen excesivo de la música, hay casos descritos de epilepsia musicogénica, es decir, causada por la música. Algunas investigaciones han presentado casos de lo que se puede llamar musicofobia, generalmente tras algún problema psicológico o neurológico.

Figura 22: Unidos por la música y la enfermedad. A la izquierda, Robert Schumann y a la derecha Gaetano Donizetti; ambos autores padecieron la sífilis.

Anecdóticamente, cabe mencionar que la sífilis se llamó en Francia (y de ahí, en toda Europa) «el mal español», mientras que en España se la llamó «el mal francés», en signo evidente de generosidad con el mérito ajeno. En realidad, parece que el primer caso pudo producirse en Italia.

Estas personas, tras una determinada alteración cerebral, sufrían trastornos de ansiedad al escuchar una melodía o la interpretación de algún cantante concreto. Un ejemplo descrito por Sacks es el de un paciente judío, años después de la segunda guerra mundial, al que escuchar marchas militares nazis le provocaba serios ataques de ansiedad —y aquí cabe dudar de la oportunidad del médico o el masoquismo del paciente o su familia, porque esta música no se escucha casualmente—. En otros casos, la crisis se desencadenaba por cualquier canción —incluso por un villancico—. Dejando de lado la aversión que cualquiera puede tener por un músico, ciertas canciones o intérpretes pueden provocar recuerdos y emociones que ponen en marcha estos episodios; no obstante, hay que tener en cuenta que la música es solo un desencadenante, no la causa original.

Desvaríos wagnerianos: ¡nación en peligro!

Richard Wagner ha sido, sin duda, uno de los grandes compositores de música clásica de todos los tiempos, y uno de los que más influencia ha ejercido en otros artistas. El número de músicos y pensadores atraídos por Wagner es enorme. Por ejemplo, Nietzsche, filósofo y amigo de Wagner —aunque su admiración no era correspondida de igual forma por este—, que fue también pianista y compositor. Tal vez pocos filósofos de renombre han comprendido en tal profundidad el fenómeno musical como lo hizo Nietzsche. Igualmente, escritores como Thomas Mann o Proust fueron enormemente influidos por Wagner. Si la música ha tenido un poder de atracción en las artes, seguramente Wagner ha sido el autor más influyente, pero no solo en este campo: la historia del poder de atracción psicológica de la música de Wagner en algunos de los mandatarios más importantes de su tiempo y posteriores es asombrosa, aunque, evidentemente, no se pueda culpar al músico de su efecto en ellos. Veamos dos ejemplos, en cierto detalle.

El rey de Baviera Ludwig II (1864-1896) accedió al trono siendo muy joven. Ya desde ese momento sintió una predilección (pronto obsesiva) por la música de Wagner y por el propio compositor (que tampoco era muy feliz aguantándolo, pero se jugaba los cuartos). La rendición real ante el talento de Wagner y su música se muestra en numerosos ejemplos. Todos los que hayan visitado el castillo de Neuschwanstein habrán quedado maravillados ante su arquitectura, tan famosa por la imitación hecha en el castillo de Disneyland, como sorprendidos por la locura que encierra, un auténtico parque temático wagneriano. Como es comprensible, esa admiración de hoy no fue compartida por los súbditos coetáneos de Ludwig II, que tuvieron que pagar tan caros caprichos reales, como los numerosos castillos que ordenó construir. Los desvaríos del rey casi llevan a la bancarrota al estado de Baviera, por lo que el gobierno apartó momentáneamente a Ludwig II del trono, declarándole incapacitado con un urgente diagnóstico de esquizofrenia. Poco después, el rey, buen nadador, apareció muerto junto con su médico en el lago de Starnberg. Todos los médicos psiquiatras de aquel tiempo sabían que no era recomendable bañarse con sus pacientes esquizofrénicos en cualquier sitio aislado, por lo que algo raro debió de pasar y, como los bávaros, que nunca han querido hacer una autopsia al cadáver, aquí optamos por correr un tupido velo sobre el incidente.

Un segundo ejemplo de atracción por Wagner es Adolf Hitler, al que se ha tildado de ignorante, artista fracasado y psicópata, entre otros atributos. El Führer fue un grandísimo aficionado a las artes, tales como la pintura, la arquitectura o la música, en particular la ópera alemana e italiana. La música de Wagner ilustraba muchas de las reuniones del Partido Nazi, y fue fuente de grandes placeres en la vida de su máximo dirigente. Originario de Braunau, cerca de Linz, Austria, Hitler asistió al mismo colegio que el filósofo Ludwig Wittgenstein —casi coinciden en el mismo curso— y estudió música, brevemente, con el piano que le compró su madre. A partir de los diez años comenzó a asistir a conciertos y representaciones de ópera y se cree que pudo tomar clases de canto. El dictador es presentado con frecuencia como pintor fracasado por haber suspendido su examen de ingreso en la Academia de Bellas Artes de Viena, pero en realidad no se había preparado adecuadamente

**Figura 23: Hitler en-
sayando uno de sus fa-
mosos discursos ante
el espejo.** La influencia
de las artes, y particularmente de la música, en el
nazismo ha sido extensa-
mente estudiada. No ha-
bía nada de improvisación
en su puesta en escena.

y recibió la recomendación de algún profesor para que intentase
entrar en la Academia de Arquitectura. A pesar de su vida públi-
ca, Hitler mostraba una gran pasión artística y se consideraba a sí
mismo más un artista que un político. Incluso en sus últimos meses en el búnker de Berlín se entretenía discutiendo las cualidades
musicales de directores de orquesta, algunos de los cuales vetaba,
y leyendo innumerables libros sobre la arquitectura de teatros de
ópera (a sus dieciocho años ya había realizado bocetos para la
reforma del teatro de la ópera de Linz), para planificar la vida musical de la Alemania de la posguerra, en increíble alejamiento de

la realidad. A ello contribuyeron una posible enfermedad de Parkinson y las numerosas drogas que su médico le administraba para
diferentes problemas médicos y psicológicos.

El Führer presenció con devoción cientos de representaciones de ópera a lo largo de su vida, sobre todo de Wagner (más
de cien de la ópera *Rienzi*, su personaje favorito), pero también
admiraba a compositores como Puccini, Franz Lehar o Richard
Strauss, aunque a estos dos últimos con cierta displicencia, ya
que estaban aún vivos. Su admiración no era la de un tonto, como
se le ha retratado con frecuencia, sino la de un profundo entendido, tanto que causaba con sus discusiones más de un problema
a directores de ópera y escenógrafos con los que no compartía
criterios. Algunos profesionales de renombre —como el director de orquesta Wilhelm Furtwängler, al que Hitler le amargó la
vida— lo consideraban un diletante, pero otros hablaban de él
como de un auténtico experto. Si ahora se dice que no hay tenores wagnerianos de altura, esto ya lo afirmaba, con sólidos argu-
mentos, Hitler en 1933. La mujer judía del tal vez mejor de los
«Heldentenors» —tenores heroicos— de su tiempo, Max Lorenz,
pudo salvar justamente la vida, tras haber sido detenida en varias
ocasiones, por la admiración del dictador por el cantante.

La idea de una Alemania mítica, elegida para dirigir el mundo, o la parafernalia escénica con que adornó al Partido Nazi y la
vida del pueblo alemán —obligado a escuchar, en ocasiones especiales, música clásica, en fábricas, parques y fiestas populares,
con un efecto estético y propagandístico claramente buscado—,
la encontró, obsesivamente, en el inicio de su carrera política, en
las óperas de Wagner. Para el investigador de Princeton Harold
James, Hitler basó su filosofía y su noción del aparato nazi en
ideas extraídas de los escritos y óperas de Wagner. Cómo no pensar en un afectado cantante de ópera al ver sus estudiadas poses

e impostada voz ante un público enfervorizado, o en el vestuario de una ópera al ver los uniformes nazis y militares, fascinantes estéticamente a pesar de su posterior atrocidad. Nada había de improvisado ni infantil en todo ello. La influencia de las artes en el periodo nazi ha sido estudiada repetidas veces, incluyendo el aspecto musical.

La creatividad del mal

A lo largo de este libro hemos analizado las virtudes de la música y su poder psicológico y social, con una mirada evidentemente positiva. En concordancia con esta visión humanística y benefactora, muchos espectadores que hayan visto la película *El pianista,* de Roman Polanski —en la que se cuenta la desgraciada odisea del pianista judío polaco Władysław Szpilman en el gueto de Varsovia— habrán deseado que hubiese habido más oficiales alemanes cultos, como el capitán Wilm Hosenfeld, personaje real que ayudó al protagonista de la película. Con más personas así en la sociedad y en el poder en Alemania, con amor por la música y sus congéneres, muchos podrían conjeturar que el mundo no habría sufrido los horrores de la segunda guerra mundial. No obstante, veamos cuál fue la sarcástica realidad.

Hagamos un esfuerzo de imaginación y visualicemos, en la locura del Berlín de las décadas de 1930 y 1940, a un sorprendente quinteto musical, con dos pianistas (Hitler y Himmler) y tres violinistas (Mussolini, Heydrich y von Ribbentropp), todos ellos con una importante afición musical.

Reinhard Heydrich, el criminal encargado de la «solución final» de los judíos, era un consumado violinista, y estuvo a punto de dedicarse profesionalmente a la interpretación. Von Ribbentrop,

Figura 24: Benito Mussolini, aficionado a tocar el violín, en una imagen tomada en 1927.

ministro de Asuntos Exteriores nazi, tocaba el violín como afición, con resultados mediocres, al igual que Benito Mussolini, el dictador italiano, que solía posar con orgullo con sus violines y castigar a los conocidos con alguna serenata. Himmler, jefe de las temibles SS, era también pianista aficionado y se relajaba tocando piezas de Bach. Cuatro más Hitler. ¡Cuánto se hubiese ahorrado el mundo si los cinco hubiesen hecho un quinteto y recorrido teatros de provincias con algún espectáculo musical!

Un subordinado de Heydrich, Adolf Eichmann, fue secuestrado por los servicios secretos israelíes en Argentina y juzgado y ejecutado en 1961 en Israel. La filósofa Hannah Arendt, alumna del filósofo Martin Heidegger, estuvo presente en el juicio, y escribió un libro ya clásico sobre el caso, que subtituló «La banalidad del mal». Arendt habla de Eichmann como un hombre normal, inteligente y cruel, que cumplió lo que le ordenaban, pero sin la imaginación, liderazgo ni carácter necesarios para diseñar un genocidio como el que se produjo. Para ello hacían falta otros personajes, con esas «cualidades» para llevarlo a cabo. Y las tres personas clave fueron, seguramente, Hitler, Himmler y Heydrich.

Todos ellos, curiosamente, tenían fuertes aficiones musicales. Si Eichmann llevó a Arendt a recapacitar sobre la banalidad del mal, también podemos pensar en un opuesto: «la creatividad del mal», encarnada en estos tres hombres. Por desgracia, no todo lo sucedido alrededor de la música en la historia ha sido maravilloso. Si en el cerebro residen el talento musical, la toma de decisiones o las emociones, también de él surgen el bien y el mal.

EPÍLOGO: ¡LA COMEDIA…
E FINITA! (¿O INFINITA?)

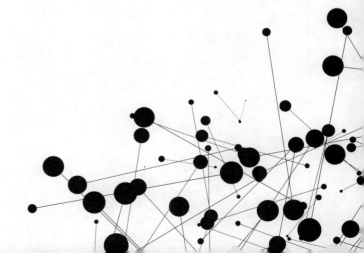

Hemos propuesto —o más bien, sobrevolado, dada la complejidad del tema— en este libro una amplia visión de la relación entre el cerebro y la música, desde el conocimiento científico y tecnológico actual, así como ejemplos históricos que muestran aspectos del arte de la música vistos desde la perspectiva del sistema nervioso. Lamentablemente, nunca podremos saber qué pensaba Mozart cuando creó sus sinfonías o cómo Beethoven ideó su famoso «Canto de la alegría». En otros casos, como el de Stravinski con su mencionada *La consagración de la primavera*, sí sabemos algo, porque el propio compositor relató que ni él podía explicar cómo tuvo las ideas para su composición, lo que ya podría ser algo en sí mismo. En realidad, sabemos incluso más que eso, porque los estudiosos musicólogos averiguaron, años después, la inspiración de Stravinski en temas tradicionales rusos para escribir la obra. Como él mismo afirmó, en irónico guiño, los grandes músicos se inspiran en otras obras pero los genios las roban.

El enorme desarrollo de la ciencia y la tecnología en el último siglo, como se ha visto a los largo de estas páginas, ha cambiado radicalmente nuestro conocimiento y el modo de grabar, reproducir, transmitir y percibir la música. Parte de este conocimiento y arte musical surca ahora mismo el espacio, registrado en dos discos de vinilo que contienen imágenes y muestras amplias de la música realizada en nuestro planeta, a bordo de dos naves gemelas Voyager de la NASA, para el disfrute —u horror— de algún alienígena que pueda estar esperando ahí afuera con un reproductor adecuado. Tal vez aparezcan cualquier año de estos buscando un aparato adecuado, si es que no lo tienen ya, para ver qué contienen los discos. Si un día nos visitan, seguramente volverán pensando que el nuestro es un planeta musical.

BIBLIOGRAFÍA CONSULTADA

Adorno, Th. W. *Escritos musicales VI*. Akal. Madrid. 2014.

Altenmüller, E; Boller, F; Finger, S (eds). «Music, neurology, and neuroscience. Historical connections and perspectives». *Progress in Brain Research*, vol. 216. Elsevier 2017.

Altenmüller, E . *et al. Music, Motor control and the Brain*. Oxford University Press, 2006.

Ball, P. *El instinto musical. Escuchar, pensar y vivir la música*. Turner. Madrid, 2010.

Bernstein, L. *The unanswered question. Six talks at Harvard*. Harvard University Press. Cambridge, MA, 1976.

Boulez, P; Changeux, JP and Manoury, P. *Las neuronas encantadas. El cerebro y la música*. Gedisa. Barcelona, 2016.

Buck, P. *Psychology for musicians*. Oxford University Press. Londres, 1944.

Carr, C., Odell-Miller, H., Priebe, S. «A systematic review of music therapy practice and outcomes with acute adult psychiatric in-patients». *PLoS One*. Aug 2;8(8):e70252, 2013.

Critchley, M., Hensen, R.A. (eds.), *Music and the Brain: Studies in the Neurology of Music*. Heinemann Medical, Londres, 1997.

Davies, S. *Cómo entender una obra musical y otros ensayos de filosofía de la música*. Cátedra. Madrid, 2017.

Delgado Calvete, C. *Música y enfermedad mental. Vidas de compositores que presentaron una enfermedad mental*. Edición Punto Didot. Madrid, 2016.

Despins, J. P. *La música y el cerebro*. Gedisa. Barcelona, 2010.

Deustsch, D. (ed). *The Psychology of Music*. Academic Press. Elsevier, Londres, 2013.

Dijksterhuis, A., Meurs, T. «Where creativity resides: the generative power of unconscious thought». *Conscious Cogn*. Mar;15(1):135-46, 2006.

Dutton, D. *The art instinct: beauty, pleasure & human evolution*. Oxford University Press, 2009.

Eschrich, S., Münte, T. F., Altenmüller, E. O. «Remember Bach: an investigation in episodic memory for music». *Ann N Y Acad Sci*. Dec;1060:438-42, 2005.

Fernandez, A. y Vico, F. «AI Methods in Algorithmic Composition: A Comprehensive Survey». *Journal of Artificial Intelligence Research*. 48, 513-582, 2013.

Henriksson-Macaulay, L. *The Music Miracle: The Scientific Secret to Unlocking Your Child's Full Potential*. Earnest House Publishing. 2014.

Hiller, L and Leonard M. Isaacson, L. *Experimental Music: Composition With an Electronic Computer*, second edition. New York: McGraw-Hill. 1959.

Horden, P., 2000. *Music as Medicine: The History of Music Therapy since Antiquity*. Ashgate Publishing Ltd., Aldershot, UK. 2000.

Jenkins, J. S. «The voice of the castrato», *The Lancet*, vol.351, pp. 1877-80, 1998.

Johnson-Laird, Philip N. *El Ordenador y la Mente: introducción a las ciencias cognitivas*. Ediciones Paidos Ibérica, S.A., 1990.

Kahneman, D. *Thinking, fast and slow*. Farrar, Strauss and Giroux, 2011.

Kennaway, J., *Bad Vibrations: The History of the Idea of Music as a Cause of Disease*. Ashgate Publishing Limited, Farnham, UK, 2012.

Kershaw, I. *Hitler. Hitler* (vols 1 y 2). Ediciones Península. Barcelona, 2000.

Koelsch, S. *Brain & Music*. Wiley-Blackwell. Oxford, Reino Unido, 2013.

Latham, A.(ed). *The Oxford Companion to Music*. Oxford University Press. Londres, 2002.

Lauri Volpi, G. *Voces paralelas*. Editorial Guadarrama, Madrid, 1974.

Leigh-Post, K. *Mind-Body Awareness for Singers. Unleashing Optimal Performance*. Plural Publishing. San Diego, 2014.

Leubner, D., Hinterberger, T. «Reviewing the Effectiveness of Music Interventions in Treating Depression». *Front Psychol*. Jul 7; 8:1109, 2017.

Levitin, D. *El cerebro musical. Seis canciones que explican la evolución humana.* RBA. Barcelona, 2008.

Levitin, D. *Tu cerebro y tu música. El estudio científico de una obsesión humana.* RBA. Barcelona, 2015.

Lopez de Mantaras, R. y Arcos, J. L. «AI and Music. From Composition to Expressive Performance». *AI Magazine*, vol. 23 nº 3, 2002.

Mithen, S. *The Singing Neanderthals. The origins of Music, Language, Mind and Body.* Harvard University Press. Cambdridge, MA, 2006.

Molnar-Szakacs, I., Overy, K. «Music and mirror neurons: from motion to ‹e›motion». *Soc Cogn Affect Neurosci.* Dec;1(3):235-41, 2006.

Patel, A. *Music, Language and the Brain.* Oxford University Press. Londres, 2008.

Pinker, S. *Cómo funciona la mente.* Destino, Barcelona, 2001.

Purves, D. *Music as Biology. The Tones we like and why.* Harvard University Press, 2017.

Roads, C. *Foundations of Computer Music.* The MIT Press, 1985.

Ross, A. *The Rest is Noise. Listening to the Twentieth Century.* Harper Collins Publishers. Londres, 2012.

Rubinstein, A. *My young years.* Alfred Knopf. Nueva York, 1973.

Rubinstein, A. *My many years.* Alfred Knopf. Nueva York, 1980.

Sacks, O. *Musicofilia. Relato de la música y el cerebro.* Ed. Anagrama. Barcelona, 2009.

Sinatra, F. (en colaboración con John Quinlan). *Tips on Popular singing.* En Grudens, R. Sinatra Singing. Celebrity Profiles Publishing. Nueva York, 2010.

Sloboda, J. *La mente musical: la psicología cognitiva de la música.* Machado Grupo de Distribución.SL. Madrid, 1985.

Spotts. F. *Hitler y el Poder de la Estética.* Antonio Machado Libros. Madrid, 2011.

Storr, A. *Music and the mind.* Random House Publishing Group. New York, 1992.

Welchman, A. E., Stanley, J., Schomers, M. R., Miall, R. C., Bülthoff, H. H. «The quick and the dead: when reaction beats intention». *Proceedings of the Royal Society B.* Jun 7;277(1688):1667-74, 2010.

Zeitler, W.W., *The Glass Armonica: The Music of Madness.* Music Arcana, San Bernardino, CA., 2013.

Zollo, P. *Songwriters on songwriting.* Second Da Capo Press. Cambridge, MA., 2003.

Zweig, S. *El misterio de la creación artística.* Sequitur. Madrid, 2015.

BIBLIOGRAFÍA RECOMENDADA

Ball, P., *El instinto musical. Escuchar, pensar y vivir la música*, Turner, Madrid, 2010.

En este libro, Ball, divulgador científico y colaborador de la revista *Nature*, presenta un interesante recorrido por las características y componentes de la música, así como numerosos ejemplos de la historia de la música y su relación con la psicología humana.

Boulez, P., Changeux, J. P. y Manoury, P., *Las neuronas encantadas. El cerebro y la música*, Gedisa, Barcelona, 2016.

En este libro de conversaciones entre Pierre Boulez, uno de los más grandes directores de orquesta y compositores posteriores a 1950, y dos neurocientíficos, se analizan múltiples relaciones entre la música, la creación musical y las neurociencias.

Levitin, D., *Tu cerebro y tu música. El estudio científico de una obsesión humana*, RBA, Barcelona, 2015.

Levitin, afamado neurocientífico, explica en este texto las características del cerebro que son importantes para el procesamiento musical, y describe las funciones cerebrales fundamentales y fisiológicas que lo sustentan.

Sacks, O., *Musicofilia, Relato de la música y el cerebro*, Anagrama, Barcelona, 2009.

Oliver Sacks, conocido neurólogo y escritor, ha dedicado buena parte de sus libros al tema musical. En su trabajo como médico, Sacks ha encontrado gran número de casos neurológicos relacionados con la música que comenta con ingenio en sus libros.

Zollo, P., *Songwriters on songwriting*, Second Da Capo Press, Cambridge, 2003.

Para el lector que entienda el inglés y le guste la música popular estadounidense, este libro es una fiesta. En numerosas entrevistas con compositores conocidos, estos desgranan sus recuerdos, los motivos que les llevaron a componer y sus métodos compositivos.